建设机械岗位培训教材

挖掘机安全操作与使用保养

住房和城乡建设部建筑施工安全标准化技术委员会
中国建设教育协会建设机械职业教育专业委员会 组织编写

王 平 主编

中国建筑工业出版社

图书在版编目（CIP）数据

挖掘机安全操作与使用保养/王平主编. —北京：中国
建筑工业出版社，2016.8
建设机械岗位培训教材
ISBN 978-7-112-19605-0

Ⅰ.①挖⋯　Ⅱ.①王⋯　Ⅲ.①挖掘机-岗位培训-教材
Ⅳ.①TU621

中国版本图书馆 CIP 数据核字（2016）第 164387 号

责任编辑：朱首明　李　明　刘平平
责任校对：王宇枢　党　蕾

建设机械岗位培训教材
挖掘机安全操作与使用保养

住房和城乡建设部建筑施工安全标准化技术委员会
　　　　　　　　　　　　　　　　　　　　　　组织编写
中国建设教育协会建设机械职业教育专业委员会
王　平　主编

*

中国建筑工业出版社出版、发行（北京西郊百万庄）
各地新华书店、建筑书店经销
北京红光制版公司制版
北京同文印刷有限责任公司印刷

*

开本：787×1092 毫米　1/16　印张：10¾　字数：264 千字
2016 年 8 月第一版　　2018年12月第三次印刷
定价：**30.00** 元
ISBN 978-7-112-19605-0
（29120）

建设机械岗位培训教材编审委员会

中城建第六工程局集团有限公司

长安大学工程机械学院

国家建筑工程质量监督检验中心施工机具检测部

山东德建集团

卡特比勒—中国（威斯特、利星行、易初明通）

中联重科股份有限公司

三一重工昆山职业培训学校

陕西建设机械股份有限公司

方圆集团有限公司

日立建机（上海）有限公司

小松（中国）有限公司

甘肃大宇工程机械培训学校

宁波金亚工程机械培训学校

合肥湘元工程机械有限公司

辽宁恒力工程机械有限公司

云南小松工程机械有限公司

云南嵩明县宏达挖掘机培训学校

江苏兴泰建设集团

重庆建工九建公司

大连城建设计研究院有限公司

北京燕京工程管理有限公司

廊坊凯博建设机械科技有限公司

中建一局北京公司

北京市建筑机械材料检测站

中国新兴建设开发总公司

北京城建设计发展集团股份有限公司

中城建第六工程局集团有限公司

中国建设教育协会建设机械职业教育专业委员会全体会员单位

前　言

　　挖掘机在我国的生产使用从 20 世纪 50 年代初起步，至今已 60 多年历史。挖掘机作为土方机械中的骨干机种，已广泛使用在土方作业、路桥施工、水利水电、应急抢险等工程领域，成为土方、道路、水利水电、拆除、桥梁、基础等工程的机械化施工标配设备。随着机械化施工的普及，作业人员对挖掘机设备操作、维修保养及其在施工中的综合运用等提出了知识更新的需求。

　　为推动建设机械和机械化施工领域岗位能力培训工作，中国建设教育协会建设机械职业教育专业委员会、中国建设劳动学会建设机械职业技能考评专业委员会联合住房和城乡建设部施工安全标准化技术委员会共同设计了建设机械岗位培训教材的知识体系和岗位能力的知识结构框架，并启动了岗位培训教材研究编制工作，得到了行业主管部门、高校院所、行业龙头骨干厂、高中职校会员单位和业内专家的大力支持。

　　住房和城乡建设部建筑施工安全标准化技术委员会、中国建设教育协会建设机械职业教育专业委员会、中国建设劳动学会建设机械职业技能考评专业委员会联合中国建筑科学研究院、北京建筑机械化研究院、武警部队交通指挥部，会同卡特彼勒、中联重科、三一、日立、小松、斗山等骨干会员单位及时组织编写了《挖掘机安全操作与使用保养》一书。该书全面介绍了土方机械行业知识、岗位能力要求、挖掘机原理、设备操作与使用维护、安全作业与工法运用以及挖掘机在各领域的应用，对于普及土方作业机械化施工知识将起到积极作用。

　　该书既可作为施工作业人员上岗培训教材，也可作为高中职院校相关专业的基础教材。因水平有限，编写过程如有不足之处，欢迎广大读者提出意见建议。

　　全书由中国建筑科学研究院建筑机械化研究分院王平主编并统稿；北京建筑机械化研究院刘承桓，中建二局第三建筑工程有限公司杨发兵，河南省建筑工程标准定额站朱军担任副主编。住房和城乡建设部建筑施工安全标准化技术委员会李守林主任委员主审，长安大学工程机械学院王进教授、日立建机上海有限公司孔德俊总监担任副主审。

　　参加本教材编写工作的有：江苏兴泰建设集团王学海，山东德建集团胡兆文、靳海洋、马志新、夏凯；中国京冶工程技术有限公司胡晓晨、胡培林，北京建筑机械化研究院刘贺明、鲁卫涛、王涛、张淼、陈晓峰、侯爱山、温雪兵、董威、陈赣平，住建部标准定额研究所赵霞、张惠锋、郝江婷、刘彬、姚涛，国家建工质检中心施工机具与脚手架检测部王峰、崔海波、郭玉增、韦东、刘垚，北京建筑机械化研究院孔庆璐、刘惠彬、尹文静，廊坊凯博建设机械科技有限公司恩旺、鲁云飞、韦峰，北京燕京工程管理有限公司马奉公，浙江开元建筑安装集团余立成，中建一局北京公司秦兆文，大连交通大学管理学院宋艳玉，重庆建工集团九建公司于海祥，大连城建设计研究院有限公司靖文飞，河南省建筑安全监督总站站长牛福增，北京市建筑机械材料检测站王凯辉，中国新兴建设开发总公司杨杰，北京城建设计发展集团股份有限公司王晋霞，中国人民武装警察部队交通指挥部刘振华、林英斌，三一重机昆山学校鲁轩轩，北华航天工业学院齐建玲、路梦瑶，衡水学院工程技术学院王占海，包钢职业技术学院鲁素萍，山东德建集团于静，中国建筑业协会建筑安全分会梁洋，中城建第六工程局集团有限公司李世杰、张凯、王慧兴，北京建工集团有限责任公司刘爱玲，中国建设劳动学会夏阳、龚毅，建设机械技能考评专委会唐绮，河北工程大学机电学院王肖雨参与编写；书中插图由中国建设教育协会建设机械职业教育专业委员会秘书处王金英绘制。

成书过程中得到中国建设教育协会建设机械职业教育专业委员会会员单位的大力支持，卡特彼勒、中联重科、三一重机、小松、日立、斗山、陕西建机、山推、柳工、厦工、恒利、大宇等会员单位积极提供案例素材。原《挖掘机操作》一书编写组陈春明、孔德俊、任瑛丽、葛学炎、安立本、赵光瀛、朗婷，美国设备制造商协会丹尼尔·茂思、王莹，中国建筑装饰协会施工委员会关鹏刚，中装协技术培训有限公司王庆明，全国建筑施工机械与设备标准化技术委员会李静秘书长、中国工程机械工业协会用户工作委员会刘伟、侯宝佳等业内专家人士不吝赐教。本书作为挖掘机岗位公益类培训教材，所选作业场景、产品图片均属善意使用，编写团队对挖掘机厂商品牌无任何倾向性；在此，谨向成书过程中与编制组分享并提供宝贵资料、图片和案例素材的机构、厂商、学校、教师和业内人士一并致谢。

目　　录

前言

第一章　行业认知………………………………………………………… 1
　第一节　产品简史……………………………………………………… 1
　第二节　国内现状……………………………………………………… 1
　第三节　行业趋势……………………………………………………… 2
　第四节　职业道德……………………………………………………… 2

第二章　设备认知………………………………………………………… 4
　第一节　设备概述……………………………………………………… 4
　第二节　术语和定义…………………………………………………… 5
　第三节　挖掘机分类…………………………………………………… 7
　第四节　设备构成与工作原理………………………………………… 11

第三章　安全素养………………………………………………………… 56
　第一节　遵守规则……………………………………………………… 56
　第二节　遵守流程……………………………………………………… 57
　第三节　标识标志与危险源识别……………………………………… 60
　第四节　作业指挥与常见手势………………………………………… 65
　第五节　防火…………………………………………………………… 66

第四章　施工作业与设备操作…………………………………………… 71
　第一节　落实作业条件………………………………………………… 71
　第二节　设备正确起动………………………………………………… 73
　第三节　安全操作规程………………………………………………… 75
　第四节　操作方法与动作要领………………………………………… 87
　第五节　作业事故预防………………………………………………… 93
　第六节　挖掘机的停放………………………………………………… 110
　第七节　挖掘机的运输………………………………………………… 112
　第八节　执行标准规范………………………………………………… 116
　第九节　常用施工工法………………………………………………… 117

第五章　日常维护与保养………………………………………………… 120
　第一节　日常检查要领………………………………………………… 120
　第二节　日常保养要领………………………………………………… 124
　第三节　例行保养要求………………………………………………… 140

附录一　施工作业现场常见标志标示…………………………………… 143
　第一节　禁止类标志…………………………………………………… 144
　第二节　警告标志……………………………………………………… 147

第三节　指令标志 …………………………………………………… 150

第四节　提示标志 …………………………………………………… 151

第五节　导向标志 …………………………………………………… 152

第六节　现场标线 …………………………………………………… 154

第七节　制度标志 …………………………………………………… 155

第八节　道路施工作业安全标志 …………………………………… 156

附录二　其他维护保养的项目与要求 ……………………………… 158

第一节　常见故障的诊断与排除（附表 2-1） …………………… 158

第二节　常见故障快速对照表（附表 2-2） ……………………… 159

参考文献 …………………………………………………………… 161

第一章 行业认知

第一节 产品简史

世界上第一台手动挖掘机问世至今已有 130 多年的历史，期间随着技术的发展和用户需求的提高，逐步研制成功了蒸汽驱动半回转挖掘机、电力驱动与内燃机驱动全回转挖掘机。机电一体化技术和液压传动技术在工程机械领域的应用推广，显著推动了新型挖掘机的出现。20 世纪 40 年代出现了在拖拉机上配装液压反铲的悬挂式挖掘机。第一台全液压挖掘机是由法国的 Poclain（波克兰）工厂于 1951 年制造。之后相继研制出拖式全回转液压挖掘机和履带式全液压挖掘机。工业发达国家较早实现了全液压挖掘机的产业化，主流产品主要以斗容量 3.5～40m³ 单斗液压挖掘机为主。从 20 世纪 80 年代一些西方国家开始生产特大型挖掘机，主要用于露天煤矿、矿山开采等。

第二节 国内现状

我国液压挖掘机产业经历了四个发展阶段：

（1）自主开发阶段（1967 年～1979 年）；

（2）技术引进、消化、吸收与提高阶段（1980 年～1994 年）；

（3）国外液压挖掘机企业进入我国，独资、合资企业迅速发展阶段（1994 年～2000 年）；

（4）国内配套件产业壮大，促进了整机产业民族品牌全面壮大阶段（2010 年～至今）。

20 世纪 80 年代，我国挖掘机生产厂已达 30 多家，生产机型达 40 余种。中、小型液压挖掘机已形成系列，斗容分为 0.1～2.5m³ 等 12 个等级，20 多种型号。具备了单斗型挖掘机 0.5～4.0m³ 以及大型矿用 10、12m³ 机械传动单斗挖掘机、1m³ 隧道挖掘机、4m³ 长臂挖掘机、1000m³/h 的排土机等骨干机型生产制造能力。在特种挖掘作业领域，成功开发了斗容量 0.25m³ 的船用液压挖掘机，斗容量 0.4、0.6、0.8m³ 的水陆两用挖掘机等。

近年来，我国挖掘机产业发展很快，现代挖掘机作为施工现场的一个多功能工作平台，配备了各种工作装置与功能属具，能够一机多用，能耗少，连续作业能力强。而机电一体化等新技术成为工程机械前沿方向；微电子技术、工业传感技术、实时控制技术和现代化控制理论与机械、液压技术被推广创新应用于工程机械产品上，大大提高了设备的自动化程度和作业效率。目前，在液压挖掘机自动控制领域已研制出了基于 GPS、北斗导航系统的挖掘机远程控制系统、防爆场合遥控作业挖掘机、挖掘机机群管理系统以及单机智能化操控系统等，涌现出多支以"产学研用"为特征的创新团队，对我国液压挖掘机总体技术提升发挥了科技支撑作用。

第三节 行 业 趋 势

从 20 世纪后期开始，国际上挖掘机的生产向大型化、微型化、多功能化、专用化和自动化的方向发展。开发处多品种、多功能、高质量及高效率的挖掘机；为满足市政建设和农田建设的需要，国外发展了斗容量在 $0.25m^3$ 以下的微型挖掘机，最小的斗容量仅 $0.01m^3$。中、小型挖掘机更加趋向于一机多能，配备了多种工作装置——除正铲、反铲外，还配备了起重、抓斗、平坡斗、装载斗、耙齿、破碎锥、麻花钻、电磁吸盘、振捣器、推土板、冲击铲、集装叉、高空作业架、绞盘及拉铲等专属工作装置，以满足多种施工工况的需求。与此同时，研制成功了专门用途的特种挖掘机，如低比压、低噪声、水下专用和水陆两用型设备等。

目前全液压挖掘机已经发展出液压操纵、气压操纵、液压伺服操纵和电气控制、无线电遥控、电子计算机综合程序控制等多种操控系统。在危险地区或水下作业采用无线电操纵，利用电子计算机控制接收器和激光导向相结合，实现挖掘机作业操纵的完全自动化。国际知名品牌重视采用新技术、新工艺、新结构，加快标准化、系列化、通用化产品开发发展速度。更加注重环境保护新产品研发。如 CAT、小松等厂家也纷纷推出满足欧 IV 排放要求的挖掘机。各厂家均重视加强对驾驶操作人员的劳动保护，改善驾驶员的劳动条件。液压挖掘机多采用带有坠物保护结构和倾翻保护结构的驾驶室，安装可调节的弹性座椅，用隔声措施降低噪声干扰。中、小型液压挖掘机的液压系统向变量系统转变。以微电子技术为核心的高新技术，特别是微机、微处理器、传感器和检测仪表在挖掘机上的应用，推动了电子控制技术在挖掘机上应用和推广，成为现代化挖掘机的重要技术标志。目前先进的挖掘机上一般均设有发动机自动怠速及油门控制系统、功率优化系统、工作模式控制系统、监控系统等智能化电控系统。

第四节 职 业 道 德

一、职业道德的概念

职业道德是指从业人员在职业活动中应该普遍遵循的行为准则，是一定职业范围内的特殊道德要求，即整个社会对从业人员的职业观念、职业态度、职业技能、职业纪律和职业作风等方面的行为标准和要求。属于自律范围，它通过公约、守则等对职业生活中的某些方面加以规范。

二、职业道德规范要求

《建筑业从业人员职业道德规范（试行）》，对土方机械在内的施工操作人员要求如下：
1. 建筑从业人员共同职业道德规范
（1）热爱事业，尽职尽责
热爱建筑事业，安心本职工作，树立职业责任感和荣誉感，发扬主人翁精神，尽职尽责，在生产中不怕苦，勤勤恳恳，努力完成任务。

（2）努力学习，苦练硬功

努力学文化，学知识，刻苦钻研技术，熟练掌握本工种的基本技能，练就一身过硬本领。努力学习和运用先进的施工方法，钻研建筑新技术、新工艺、新材料。

（3）精心施工，确保质量

树立"百年大计、质量第一"的思想，按设计图纸和技术规范精心操作，确保工程质量，用优良的成绩树立建筑业工人形象。

（4）安全生产，文明施工

树立安全生产意识，严格安全操作规程，杜绝一切违章作业现象，确保安全生产无事故。维护施工现场整洁，在争创安全文明标准化施工作业现场管理中做出贡献。

（5）节约材料，降低成本

发扬勤俭节约优良传统，在操作中珍惜一砖一木，合理使用材料，认真做好随手清、现场清，及时回收材料，努力降低工程成本。

（6）遵章守纪，维护公德

要争做文明员工，模范遵守各项规章制度，发扬团结互相精神，尽力为其他工种提供方便。

提倡尊师爱徒，发扬劳动者主人翁精神，维护国家利益和集体利益，服从上级领导和有关部门的管理。

2. 中小型机械操作工职业道德规范包括

（1）集中精力，精心操作，密切配合其他工种施工，确保工程质量，使工期如期完成。

（2）坚持"生产必须安全，安全为了生产"的意识，安全装置不完善的机械不使用，有故障的机械不使用，不乱接乱拉电线。爱护机械设备，做好维护保养工作。

（3）文明操作机械，防止损坏他人和国家财产，避免机械噪声扰民。

3. 车辆驾驶员职业道德规范

（1）严格执行交通法规和有关规章制度，服从交警及工地指挥

（2）严禁超载，不乱装乱卸，不出"病"车，不开"争气"车、"英雄"车、"疲劳"车，不酒后驾车。

（3）服从车辆调度安排，保持车况良好，提高服务质量。

（4）树立"文明行驶，安全第一"的思想。

第二章 设 备 认 知

第一节 设 备 概 述

近年来，我国基础设施工程施工中约有 70％的土石方工程量由挖掘机械来完成，挖掘机已成为土石方开挖机械化施工的主要设备机种。广大用户、各施工单位积极采用液压挖掘机替代传统作业，大力推广挖掘机、装载机、平地机、推土机、自卸车等机种联合作业工法；挖掘机在工业与民用建筑、市政交通工程、水利电力工程、能源工业、基础设施、农田改造、矿山采掘以及现代化军事工程等的机械化施工中，综合效益和施工效率越来越明显，发挥了不可替代的作用。

本书主要以最为常见和广泛使用的单斗液压式挖掘机为介绍对象。

常见的单斗液压挖掘机一般由行走装置、转向装置、控制系统、工作装置、动力装置以及其他系统部件和附加属具等组成（图 2-1）。

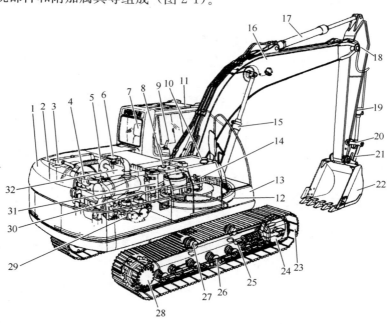

图 2-1　单斗液压挖掘机系统部件构成

1—配重；2—发动机罩；3—散热器和润滑油冷却器；4—发动机；5—空气滤清器；6—蓄电池；7—驾驶座；8—液压油箱；9—跟踪式操纵杆；10—燃油箱；11—驾驶室；12—回转轴承；13—贮物箱；14—旋转接头；15—动臂油缸；16—动臂；17—斗杆油缸；18—斗杆；19—铲斗油缸；20—连接装置；21—动力连接装置；22—铲斗；23—履带；24—张紧轮；25—履带调节器；26—支重轮；27—托轮；28—带马达最终传动；29—油泵；30—带马达回转驱动；31—旋装式滤清器（回油滤清器）；32—控制阀

第二节 术语和定义

《土方机械 液压挖掘机 术语》GB/T 6572－2014 规定了自行履带式和轮胎式液压挖掘机及其工作装置的术语和商业文件的技术内容。

1. 挖掘机

自行的履带式、轮胎式或步履式机械，具有可带着工作装置作 360°回转的上部结构，主要用铲斗进行挖掘作业，在其工作循环中底盘不移动。

2. 液压挖掘机

按《土方机械基本类型识别、术语和定义》GB/T 8498－2008 中 2.4 规定的自行式挖掘机，其用一个液压系统来操纵安装在主机上的工作装置。

3. 主机

不带有工作装置或附属装置的机器，但包括安装工作装置和附属装置所必需的连接件；主机必须带有安装该标准第 5 章规定的工作装置时的连接件。如需要，可带有司机室、机棚和司机保护结构。

4. 工作装置

工作装置是安装在主机上的一组部件，该装置可完成其基本设计功能。

5. 附属装置

附属装置是为专门用途而安装在主机或工作装置上的部件总成。

6. 反铲工作装置

反铲工作装置由动臂、斗杆、连杆和反铲斗组成，其切削方向一般向着主机，它主要用于停机地面以下的挖掘作业（图 2-2）。

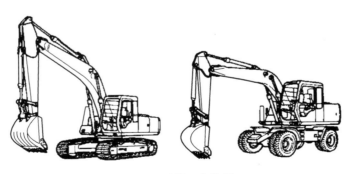

图 2-2 反铲工作装置

7. 正铲工作装置

正铲工作装置由动臂、斗杆、连杆和正铲斗组成，其切削方向为远离主机并且一般向上。它主要用于停机地面以上的挖掘作业（图 2-3）。

8. 抓铲工作装置

抓铲工作装置由动臂、斗杆和带连杆的抓斗组成。一般在垂直方向进行挖掘和抓取作业，在基准地平面上、下进行卸料作业（图 2-4）。

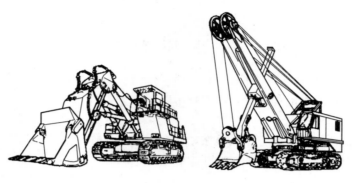

图 2-3　正铲工作装置

9. 伸缩工作装置

伸缩臂工作装置由动臂和铲斗组成，铲斗能沿着动臂轴线伸出和缩回，并且切削是通过动臂的伸缩动作朝向主机。其主要用于停机地平面上、下的挖掘和斜坡作业（图 2-5）。

图 2-4　抓铲工作装置　　　　　　　　　图 2-5　伸缩臂工作装置

10. 标准斗容量

标准斗容量是指挖掘Ⅳ级土质时，铲斗堆尖时的斗容量。它直接反映了挖掘机的挖掘能力和效果，并以此选用施工中的配套运输车辆。

11. 机重

机重是指带标准反铲或正铲工作装置的整机质量。反映了机械本身的质量级，它对技术参数指标影响很大，影响挖掘能力的发挥，功率的充分利用和机械的稳定性。故机重反映了挖掘机的实际工作能力。操作重量决定了挖掘机的级别，决定了挖掘机挖掘力的上限。如果挖掘力超过这个极限，在反铲的情况下，挖掘机将打滑，并被向前拉动，这非常危险。在正铲情况下，挖掘机将向后打滑。

12. 额定功率

即正常运转条件下，飞轮输出的净功率（kW）。它反映了挖掘机的动力性能，是机械正常运转的必要条件。

13. 最大挖掘力

按照系统压力或主泵额定压力工作时铲斗油缸或斗杆油缸所能发挥的斗齿最大切向挖

掘机，单位为kN。对反铲装置，有斗杆最大挖掘力和铲斗最大挖掘力之分；对正铲，有最大推压力和最大崛起力（破碎力）之分。需要注意的是铲斗和斗杆的最大挖掘力并不能准确说明挖掘机挖掘物体时输出力量的大小，因为挖掘机在挖掘作业时是铲斗、斗杆和动臂一起做复合动作的，是三力的合力作用在所挖掘的物体上。

14. 回转速度

挖掘机空载时，稳定回转所能达到的平均最大速度。

15. 行走速度和牵引力

牵引力是指挖掘机行走时所产生的力，主要影响因素包括行走马达低速挡排量、工作压力、驱动轮节圆直径、机重。行走速度与牵引力表明了挖掘机行走的机动灵活性及其行走能力（单位为 kN。较大的牵引力能使挖掘机在湿软或高低不平等不良地面上行走时具有良好的通过性能、爬坡性能和转向性能）。

16. 爬坡能力

挖掘机在坡上行走时所能克服的最大坡度，单位为"°"或"％"。目前，履带式液压挖掘机的爬坡能力多数在35°（70％）。

17. 工作范围

工作范围和主要工作参数（图 2-6）。

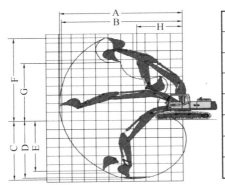

A	最大挖掘半径
B	最大地面挖掘半径
C	最大挖掘深度
D	最大挖掘深度(8′水平)
E	最大垂直挖掘深度
F	最大挖掘高度
G	最大卸载高度
H	最小回转半径

图 2-6　工作范围和主要工作参数

第三节　挖 掘 机 分 类

挖掘机械的种类繁多，按其作业方式可分为连续作业式和周期作业式两种。连续作业式采用多斗挖掘机，在建筑施工中很少用。一般用于矿山、港口、水利、仓储等场所；周期作业式一般采用单斗挖掘机，常见于建筑施工、单体工程土石方挖掘等。

下文将以最为常见和广泛使用的单斗挖掘机为例，进行介绍。

一、按作业方式分类

挖掘机可以按以下几个方面来分类（图 2-7）。

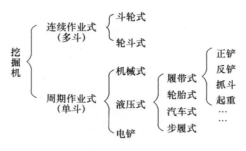

图 2-7　挖掘机分类

二、按驱动方式分类

挖掘机按驱动方式可分为：电驱动式、内燃机驱动式、复合驱动式等，其中电动挖掘机主要应用在高原缺氧、地下矿井、易燃易爆及其他有特殊需求的场所。

三、按传动方式分类

挖掘机按传动方式可分为：机械传动式、半液压传动式、全液压传动式等，其中机械挖掘机主要用在一些大型矿山上。

四、按行走机构分类

挖掘机按行走机构可分为：履带式、轮胎式、汽车式、悬挂式（图 2-8）。

轮胎式　　　　　　　　　　　　悬挂式

汽车式　　　　　　　　　　　　履带式

图 2-8　挖掘机行走机构（履带式、轮胎式、汽车式、悬挂式）

五、按工作装置在水平面可回转的范围分类

挖掘机按工作装置在水平面可回转的范围可分为：全回转式（360°）和非全回转式（<270°）。

六、按工作装置分类

挖掘机按工作装置可分为：铰接式和伸缩臂式（图2-9）。

伸缩臂式   铰接式 （左侧挖斗挂装于机身）

图 2-9 工作装置（铰接式、伸缩臂式）

七、按使用条件方式分类

挖掘机按使用条件方式可分为：专用型（如：矿山型）、通用型（建筑型）与水陆两栖型（图2-10）。

建筑型   矿山型   水陆两栖型

图 2-10 挖掘机（建筑通用型、矿山专用型、水陆两栖型）

八、按吨位分类

挖掘机按吨位可分为：小型液压挖掘机、中型液压挖掘机和大型挖掘机（简称：小挖、中挖、大挖）。

小挖：整机重量≤13t；国内小型挖掘机中被广泛运用的为自重 3～8t 范围级别，主要应用于公路养护、园林绿化、小区建设、市政工程及农田建设等场合。

中挖：整机重量在 15～30t 的挖掘机称之为中型挖掘机；主要应用于建筑工地、土方工程、中小型矿山开采等工程项目。

　　大挖：整机重量在 40～200t 的挖掘机称之为大型挖掘机；主要应用于大规模露天矿山的开采及大型基础建设，同时还被应用于填海造地工程及港湾河道疏通等大型工程等。

九、按铲取方式分类

　　挖掘机按照铲取方式可分为：正铲、反铲（图 2-11）。

正铲式　　　　　　　　　　　　　　反铲式

图 2-11　挖掘机铲取方式（正铲、反铲）

十、挖掘机型号及分类方法

1. 挖掘机型号

　　第一个字母用 W 表示，后面的数字表示机重。如 W 表示履带式机械单斗挖掘机，WY 表示履带式液压挖掘机，WLY 表示轮胎式液压挖掘机，WY200 表示机重为 20t 的履带式液压挖掘机。

2. 挖掘机分类方法

　　挖掘机分类，见表 2-1。

挖掘机械分类　　　　　　　　　　　　　　　　　表 2-1

类	组	型	产　品
挖掘机械	间歇式挖掘机	机械式挖掘机	履带式机械挖掘机
			轮胎式机械挖掘机
			固定式（船用）机械挖掘机
			矿用电铲
		液压式挖掘机	履带式液压挖掘机
			轮胎式液压挖掘机
			水陆两用式液压挖掘机
			湿地液压挖掘机
			步履式液压挖掘机
			固定式（船用）液压挖掘机
		挖掘装载机	侧移式挖掘装载机
			中置式挖掘装载机

类	组	型	产　品
挖掘机械	连续式挖掘机	斗轮挖掘机	履带式斗轮挖掘机
			轮胎式斗轮挖掘机
			特殊行走装置斗轮挖掘机
		滚切式挖掘机	滚切式挖掘机
		铣切式挖掘机	铣切式挖掘机
		多斗挖沟机	成型断面挖沟机
			轮斗挖沟机
			链斗挖沟机
		链斗挖掘机	履带式链斗挖掘机
			轮胎式链斗挖掘机
			轨道式链斗挖掘机

第四节　设备构成与工作原理

单斗挖掘机生产使用与市场覆盖面广泛，在工程作业中处于主导地位。

本节只以最为常见的单斗液压挖掘机为例，介绍其结构布局、简要性能和工作原理。

一、基本布局

单斗液压挖掘机主要由动力装置、工作装置、回转机构、操纵机构、传动系统、行走机构和辅助属具等组成。如图 2-12 所示。

常用的全回转式液压挖掘机的动力装置、传动系统的主要部分、回转机构、辅助设备和驾驶室等都安装在可回转的平台上，通常称为上部转台。因此又可将单斗液压挖掘机概括为工作装置、上部转台和行走机构等三部分。工作装置、动臂、斗杆、铲斗及各部位液压油缸等主要部件布局，如图 2-13 所示。

二、液压基础原理与装置构成

（一）液压原理

根据帕斯卡原理，在密闭容器内，施加于静止液体上的压力将以等值同

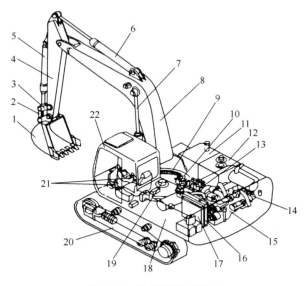

图 2-12　挖掘机基本组成

1—铲斗；2—连杆；3—摇杆；4—斗杆；5—铲斗油缸；
6—斗杆油缸；7—动臂油缸；8—动臂；9—回转支承；
10—回转驱动装置；11—燃油箱；12—液压油箱；
13—控制阀；14—液压泵；15—发动机；16—水箱；
17—液压油冷却器；18—平台；19—中央回转接头；
20—行走装置；21—操作系统；22—驾驶室

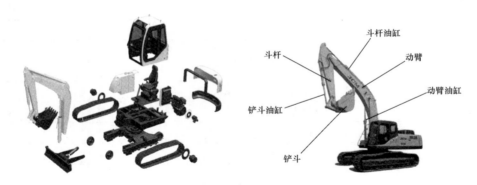

图 2-13　挖掘机基本结构布局

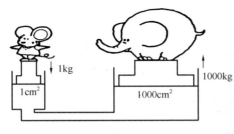

图 2-14　帕斯卡原理

时传递到液压各点在图 2-14 所示两个连通的油缸中，如果向面积小的活塞施加 1kg 的力，那么力传递到面积大的活塞上就变为 1000kg。因此施加在面积小的活塞上的力在面积大的活塞上将会成为比例放大。在同等体积下，这种液压装置能比电气装置产生更多的动力。液压传动对于液体压力、流量及流动方向易于控制，且液压装置体积小质量轻，因而在工程机械中被广泛采用。

液压装置（图 2-15）主要由以下四部分组成：

（1）能源装置：把机械能转换成油液液压能的装置，最常见的形式是液压泵。

（2）执行装置：把油液的液压能转换成机械能的装置，包括油缸、液压马达等。

（3）控制调节装置：对油液的压力、流量、流动方向进行控制或调节的装置，例如压力控制阀、流量控制阀、方向控制阀等。

（4）辅助装置：上述三部分以外的其他装置，例如油箱、过滤器、油管、中央回转接头等。

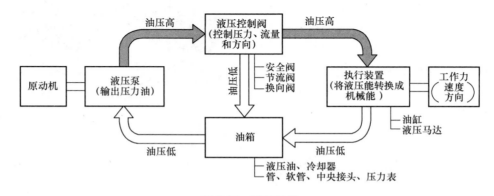

图 2-15　液压装置

液压传动的具体特点，详见表 2-2。

液压传动的优缺点	表 2-2
液压传动的优点	液压传动的缺点
体积小 易于实现过载保护 易于实现无级变速 工作比较平稳，动作比较流畅 能够实现远距离控制	配管作业比较麻烦 工作过程中的能量损失较多（如泄漏损失、摩擦损失等） 对油温变化比较敏感，工作稳定性易受温度的影响

（二）液压装置

1. 液压泵

液压泵是一种能量转换装置，它把原动机（发动机或电动机）的机械能转换成输送到液压系统中的油液的压力能，供系统使用。液压泵按结构形式可以分为齿轮泵、柱塞泵和叶片泵。液压挖掘机可以采用齿轮泵或柱塞泵作为动臂，斗杆和回转等执行元件的动力源。

（1）齿轮泵

齿轮泵在结构上可以分为外啮合式和内啮合式两种，应用较广的是外啮合齿轮泵。外啮合齿轮泵的壳体内有一对外啮合齿轮，齿轮两侧有端盖盖住。壳体、端盖和齿轮的各个齿间槽组成了许多密封工作腔。当齿轮按图 2-16 所示方向转动时，吸油腔（左侧）由于互相啮合的齿轮逐渐脱开，密封工作腔的容积逐渐增大，形成部分真空，油箱中的油液被吸入齿轮泵，并随着齿轮转动，将油液送到压油腔一侧，由于齿轮逐渐啮合，密封工作腔的容积不断减小，压力油就被输出。

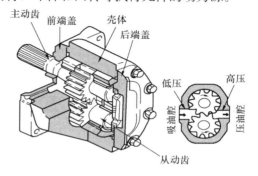

图 2-16 齿轮泵

齿轮泵的特点：

1）体积小，重量轻。

2）结构简单，耐用。

3）故障较少，容易维护。

4）无法实现高压、大流量。

（2）柱塞泵

柱塞泵是依靠在其缸体内往复运动时，根据密封工作腔的容积变化实现吸油和压油（图 2-17，图 2-18）。

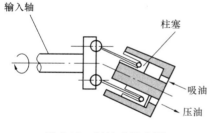

图 2-17 斜轴式柱塞泵

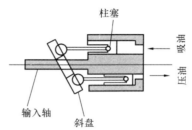

图 2-18 斜盘式柱塞泵

13

柱塞泵的特点

1）容积效率高，易获得 $300\sim400kg/cm^2$ 的高压。

2）可输出大流量的压力油，且脉动较小。

3）易于实现排量调节。

4）结构复杂，零件数目较多。

（三）执行装置

执行装置也是一种能量转换装置，将油液的压力能转换为机械能。根据运动方式，可分为实现直线运动的液压缸和实现旋转运动的液压马达。

1. 液压缸

液压缸是一种将液压油的压力能转换成机械能以实现直线运动的能量转换装置。按照液压作用情况，可分为单作用缸和双作用缸。挖掘机上一般使用双作用式单杆活塞缸。双作用式单杆活塞缸（图2-19）是双向液压驱动，通过改变浸进出油口，可使活塞杆实现往复运动。

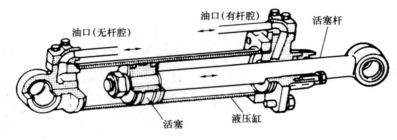

图 2-19　双作用式单杆活塞缸

2. 液压马达

液压马达的结构与液压泵相类似，但液压马达（图 2-20）是将油液的压力能转换成机械能，使主机的工作部件克服负载及阻力而产生运动。挖掘机上主要使用柱塞马达。

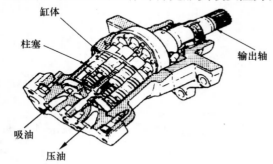

图 2-20　液压马达（斜轴式）

（四）液压阀（控制调节装置）

液压阀是用来控制液压系统中油液的流动方向或调节其压力和流量的，因此按照机能可分为压力控制阀、流量控制阀和方向控制阀三大类。

1. 压力控制阀

压力是液压传动的基本参数之一，为使液压系统适应各种要求，需要对油液的压力进行控制。压力控制阀就是根据油液压力而动作的控制阀，如溢流阀、减压阀、平衡阀等。

（1）溢流阀（安全阀）

当液压回路的压力超过规定值时，部分或全部的液压油将从溢流阀返回油箱，使系统压力不会继续增高，从而保护泵和其他元件不致损坏，起到安全作用，故又称为安全阀（图2-21）。

（2）减压阀

当液压系统的不同回路所需要的压力不同时，则采用减压阀。在挖掘机中，可采用减压阀（图2-22）设定停车制动解除压力，并且防止停车制动器剧烈运动。

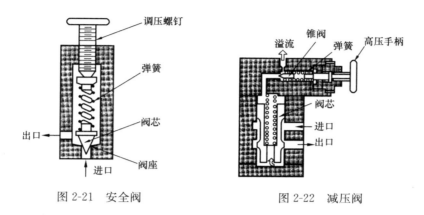

图 2-21　安全阀　　　　　　　　图 2-22　减压阀

（3）平衡阀

平衡阀（图2-23）是工程机械使用较多的一种阀，对改善某些机构的使用性能起到不可忽视的作用。例如，在挖掘机的行走系统中设置平衡阀防止超速下滑，并保持起动和停止平稳。

2. 流量控制阀

流量控制阀通过改变通流面面积的大小来调节流量，达到调节执行装置运动速度的目的。节流阀：转动调节手柄，改变节流孔的开度，从而调整流量（图2-24）。

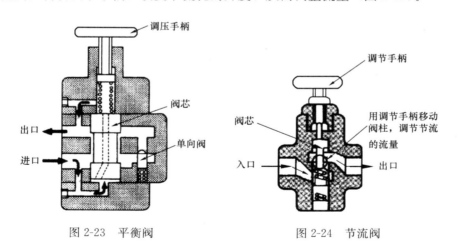

图 2-23　平衡阀　　　　　　　　图 2-24　节流阀

3. 方向控制阀

方向控制阀在液压系统中，用于控制油液的流动方向。按功用不同，分为换向阀和单向阀两大类。

（1）换向阀（控制阀）

换向阀（图2-25）利用阀芯相对于阀体的相对运动，使油路接通、关闭，或变换油流的方向，从而使执行装置起动、停止或变换运动方向。

（2）单向阀

单向阀（图 2-26）可以保证通过阀的液压油只能在一个方向流动，而不会反向流动。

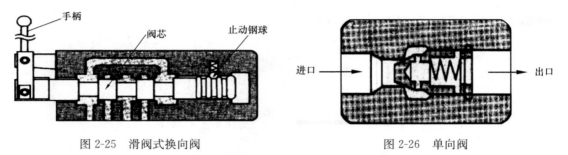

图 2-25　滑阀式换向阀　　　　　　　　图 2-26　单向阀

（五）辅助装置

1. 油箱

油箱（图 2-27）的功能主要是储存油液，此外还起着散发油液中的热量（在周围环境温度较低的情况下则是保持油液热量）、释放混在油液中的气体、沉淀油液中污物等作用。

2. 滤油器

滤油器（图 2-28）的功能是过滤混在油液中的杂质，使进入系统的油液的污染度降低，保证液压系统正常工作。

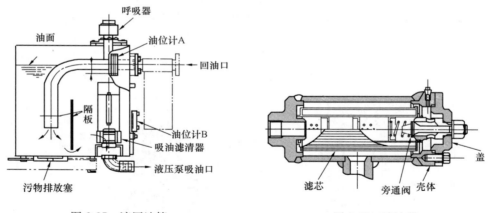

图 2-27　液压油箱　　　　　　　　图 2-28　滤油器

3. 油冷却器

液压设备使用一段时间后，液压系统油温逐渐上升，如果油温过高将会引起各种故障，为此需要设置油冷却器。它的功能是控制油温，保证液压系统的正常工作，延长液压系统的使用寿命。

4. 中央回转接头

全液压式挖掘机需将装在上部回转平台上的液压泵的压力油输送到下部行走体，而行走马达的回油则要返回上部回转平台上的油箱。上部回转平台与下部行走体之间通过中央回转接头实现工作连接和动作协调，以避免机器回转时造成软管的扭曲和摩擦。

中央回转接头由旋转芯子、外壳和密封件组成。如图 2-29 所示，外壳与上部回转平台连接，并随回转平台转动。而旋转芯子与下部行走体连接。旋转芯子的外圆上加工有油槽，油槽的数量与配管数量一致。油液从外壳上的油孔进入，再经过油槽进入旋转芯子，最终被送到行走装置。有些机型的中央回转接头，也采用旋转芯子和上部回转平台连接，而外壳和下部行走体连接的设计形式。

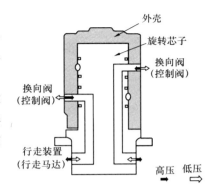

图 2-29 中央回转接头

（六）液压油

在液压系统中，液压油是传递动力和信号的工作介质。同时，液压油还具有润滑、冷却和防锈等作用。液压系统是否能够可靠、有效地工作，在很大程度上取决于所使用液压油的品种、性能和清洁度。

1．对液压油的要求

液压挖掘机经常在露天工作，工况和工作负荷复杂而多变，因此所选用的液压油应符合下列要求：

（1）具有合适的黏度，且油液黏度受温度变化的影响较小。

（2）凝点较低，低温流动性好。

（3）物理和化学性能稳定。

（4）具有良好的润滑性能和抗磨性能。

（5）防锈性好、腐蚀性小。

（6）与各种密封件间具有良好的相容性，对密封材料的影响要小。

（7）质地纯净，杂质少。

总之，所使用的液压油必须符合机器使用说明书或制造厂家的要求。

2．对液压油污染度的控制

实践证明，液压油的污染是液压挖掘机等液压设备发生故障的主要原因，它严重影响着液压系统的可靠性以及元件的寿命。因此，严格地控制液压油污染度是非常重要的，操作人员应该采取如下措施：

（1）定期更换滤油器滤芯。

（2）排除滤油器壳体内的污物。

（3）定期排放液压油箱内的污物。

（4）补充或更换液压油时，防止杂质或异物进入系统。

操作人员对液压油污染度的目测判断与处理措施基准，见表 2-3。

液压油污染的目测判断与处理措施基准 表 2-3

外观颜色	气味	状态	处理措施
透明，但颜色变淡	正常	混入其他油液	检查黏度，若符合要求，可继续使用
变成乳白色	正常	混入空气和水	换油
变成黑褐色	有臭味	氧化变质	换油

续表

外观颜色	气味	状　态	处理措施
透明但有小黑点	正常	混入杂质	过滤后使用或换油
起泡	—	混入润滑脂	换油

（七）液压原理图中的液压符号

在液压系统中，工作原理图是按国家标准规定的符号绘制，即系统中的各种液压元件均由职能符号表示。学习者首先应熟悉液压系统各种元件符号的表示方法。见表2-4。

常用液压图形符号（摘自 GB/T 786.1-2009）　　　　　　　表 2-4

类别	名称	符　号	用途或符号解释
基本符号	实线	———————	工作管、控制供给管路、回油管路
	虚线	 - - - - - - - -	控制管路、泄油管路、放气管路
	点划线	 —·—·—·—	组合元件框线
	双线	 ═══════	机械连接的油、操纵杆、活塞杆
	圆形	 ○ ○ ○	一般能量转换元件（泵、马达）测量仪表单向元件、机械铰链滚轮
	圆点	●	管路连接点
	正三角形		实心正三角形表示液压空心正三角形标识气动
	直箭头	 ↓ ↑ ⟋	直线流动、流动方向流体流过阀的通路和方向
	长斜箭头	⟋	可调性符号（可调节的泵、弹簧电磁铁等）只允许向右上方倾斜
	长方形	▭	缸、阀
	半矩形	⊔	油箱
	正方形	 ◇	调节器件（过滤器、分离器热交换器等）
	其他	 ⌇	电气符号
		W	弹簧
		⟩⟨	节流

类别	名称	符　　号	用途或符号解释
管路连接及接头	柔性管路		软管管路
	堵头		
	压力接头		
	快速接头		不带单向阀
接头连接	单通路回转接头		
	三通路回转接头		
	连接管路		两管路相交连接
	交叉管路		两管路交叉不连接
油箱	管端在液面之上		
	管端在液面之下		
	管端在油箱底部		
	加压油箱或密闭油箱		三条油路
液压泵	液压泵		一般符号
	单向定量液压泵		单向旋转、单向流动、定排量
	单向变量液压泵		单向旋转、单向流动、变排量
	双向变量液压泵		双向旋转、双向流动、变排量

续表

类别	名称	符 号	用途或符号解释
液压马达	液压马达		一般符号
	单向定量液压马达		单向旋转、单向流动、定排量
	单向变量液压马达		单向旋转、单向流动、变排量
	双向变量液压马达		双向流动、双向旋转、变排量
液压缸	单活塞杆缸		单作用缸、双作用缸
	不可调单向缓冲缸		双作用缸
	双活塞杆缸		双作用缸
能量源	液压源		
	气压源		
	电动机		
	原动机		电动机除外

类别	名称		符　号	用途或符号解释
控制方式	人力控制	人力控制		
		手柄式		
		踏板式		单向踏板式
	机械控制	顶杆式		基本符号
		弹簧控制式		
	直接压力控制	直控式		
		外部压力控制		
控制方式	先导压力控制	先导加压控制		
		先导卸压控制		
	电气控制	单作用电磁铁		单线圈
		双作用电磁铁		复线圈
		定位装置		缺口数根据定位数而定短竖线表示停留的位置

续表

类别	名称		符　号	用途或符号解释
压力控制阀	溢流阀			当回路的压力达到该阀的设定值时，流体的一部分或全部经比阀流回油箱，使回路压力保持在设定值的压力阀
	减压阀			可将该阀的出口压力调到比进口压力低的某一值，这个值与流量及进口侧压力无关
	卸荷阀			在一定条件下，能使液压泵卸荷
	顺序阀	顺序阀		在具有两个以上分支回路的系统中，根据回路的压力等来控制只向元件动作顺序（外部先导方式）
		单向顺序阀（平衡阀）		为防止负荷下落而保持背部（一个方向上设定背压，反方向的油路上为自由流动）
流量控制阀	节流阀	不可调节流阀		利用节流作用限制液体流量（不可调）
		可调节流阀		利用节流作用限制液体流量（可调）
		单向节流阀		只有一个方向上节流，反方向上自由流动
		截止阀		
	分流阀			把压力油向两处分配

类别	名称		符　号	用途或符号解释
方向控制阀		单向阀		流体只能沿一个方向流通，另一个方向不能通过
		液控单向阀		依靠控制流体压力，可以使单向阀反向流通（控制压力关闭阀）
				控制压力打开阀
		锁阀		具有一个出口、两个以上入口，出口具有选择压力最高侧入口的机能
	换向阀	二位二通阀		具有两个阀位两个油口（常闭式）
				具有两个阀位两个油口（常开式）
		三位四通电磁阀		
		三位六通手动阀		
液体调节器		过滤器		
		冷却器		
		加热器		

三、动力系统（直喷、电喷、燃气发动机、电动机）

由于环保排放标准提高和智能化控制技术、传感器技术的进步，近几年出现了 LNG 压缩天然气发动机、智能化电喷发动机高压共轨系统新技术，挖掘机动力系统的选择配备也更加丰富。

目前市场上主流产品可分为传统直喷发动机、智能控制的电喷发动机、LNG 压缩天然气发动机等类型。本节以传统的直喷柴油发动机为主线进行讲解阐述，兼顾电喷、燃气发动机、电动机。其他类型发动机（LNG 压缩天然气发动机、智能化电发动机高压共轨系统），本节只给出简要介绍。其相关更多新知识，读者可参照查阅有关厂商提供的设备手册，通过延伸阅读学习掌握新型发动机和技术进步的最新变化情况。

（一）直喷柴油发动机

柴油发动机所使用的燃料为柴油。清洁的柴油经燃油喷射泵和喷油器呈雾状喷入气缸，在气缸内油雾和 600℃ 高温压缩空气均匀混合，燃烧、爆发产生动力。这种发动机又称为压燃式发动机。目前国内生产和销售的燃油型液压挖掘机使用的原动机均为柴油发动机。

汽油发动机构造复杂故障率大，运行保养费用昂贵，且同等体积下的汽油发动机输出功率小，输出扭矩也小，因此汽油发动机无法作为挖掘机的原动力机。

近几年由于尾气环保排放标准得提高，市场出现了以压缩天然气为燃料的发动机。柴油发动机、汽油发动机、天然气发动的特性差异，详见表 2-5。

柴油机与汽油机、天然气发动机的区别及性能比较　　　　表 2-5

对比项目	柴油发动机	汽油发动机	天然气发动机
燃料	柴油或重油	汽油	LNG 天然气
点火方式	空气的压缩热	电火花点燃	点燃式、压燃式、柴油引燃式
着火点	着火点为 220℃	427℃	650℃
驱动方式	活塞/汽缸驱动	燃油直喷涡轮驱动转动	燃气直喷涡轮驱动转动
功率/价格	大	小	小
运行经费	便宜	昂贵	便宜
故障率	低	高	高
回转力、扭矩	大	小	小
防火性	好	差	差
噪声、振动	大	小	小
冬季低温工况起动性	差	好	好

1. 柴油发动机的分类

柴油发动机可按工作方式或燃料方式进行分类。详见表 2-6。

柴油发动机的分类　　　　表 2-6

方　式	种　类
工作方式	4 冲程、2 冲程
燃烧方式	直喷式、预燃烧室式、涡流室式
冷却方式	水冷式、空冷式
增压方式	废气增压式、机械式
气缸配置	直列式、V 形

2. 柴油发动机的工作原理（直喷型为例）

柴油发动机按每一循环所需活塞行程分类，可分为四冲程发动机和二冲程发动机。挖掘机采用四冲程柴油发动机，曲轴旋转两圈，活塞往复运动四次，完成吸气、压缩、做功、排气一个工作循环，即曲轴每转两圈做功 1 次（图 2-30）。

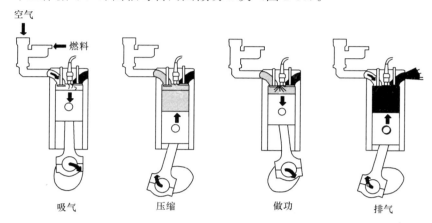

图 2-30　柴油发动机的四个冲程

（1）吸气冲程：活塞从上止点向下止点移动，这时在配气机构的作用下进气门打开，排气门关闭。由于活塞的下移，气缸内容积增大，压力降低，新鲜空气经过滤器、进气管不断吸入气缸。

（2）压缩冲程：活塞从下止点向上止点运动，这时进、排气门关闭。气缸内容积不断减少，气体被压缩，其温度和压力不断提高。

（3）做功冲程：在压缩冲程即将终了时，喷油器将柴油以细小的油雾喷入气缸，在高温、高压和高速气流作用下很快蒸发，与空气混合，形成混合气。混合气在高温下自动着火燃烧，放出大量的热量，使气缸中气体温度和压力急剧上升。高压气体膨胀推动活塞由上止点向下止点移动，从而使曲轴旋转对外做功。

（4）排气冲程：做功冲程结束后，排气门打开，进气门关闭。活塞在曲轴的带动下由下止点向上止点运动，燃烧后的废气便依靠压力差和活塞的排挤，迅速从排气门排出。

活塞经过上述四个连续冲程后，便完成一个工作循环。当活塞再次由上止点向下止点运动时，又开始下一个工作循环。这样周而复始地继续下去。

3. 柴油发动机的构造（直喷型为例）

柴油发动机是一种较为复杂的机械，包含许多机构和系统。就总体构造而言，由气缸体、曲轴箱组、曲柄连杆机构、配气机构、进排气系统、润滑系统、燃油系统、冷却系统和电气装置等组成。

（1）气缸体、曲轴箱组和曲柄连杆机构

气缸体、曲轴箱组主要包括气缸盖、气缸体、曲轴箱等；它是发动机各机构、各系统的装配基体；其本身的许多部件又分别是曲柄连杆机构、配气机构、燃油供给系统、冷却系统和润滑系统的组成部分。

曲柄连杆机构是发动机传递运动和动力的机构，通过它把活塞的往复运动转变为曲轴的旋转运动而输出动力。曲柄连杆机构主要由活塞、活塞环、活塞销、连杆、曲轴、飞轮等组成（图2-31）。

气缸盖与气缸套、活塞等共同构成了密闭的燃烧室，燃烧室上安装有喷油嘴、配气机构。活塞顶部承受爆炸压力，并由此产生往复运动。活塞通过活塞销与连杆连接，连杆和曲轴相连接，曲轴通过连杆机构将活塞的往复运动变成旋转运动。

（2）配气机构和进排气系统

配气机构的作用是使新鲜空气或混合气按一定的要求在一定的时刻进入气缸，并使燃烧后的废气及时排出气缸，保证发动机换气过程顺利进行。配气机构主要由进气门、排气门、进排气管和控制进排气门的传递机构（气门挺柱、气门推杆、凸轮轴、正时齿轮等）组成。

进排气系统包括进气装置和排气装置。进气装置由空气滤清器（空气净化器）、进气管、增压器等组成，排气装置由排气管、消音器等组成（图2-32）。

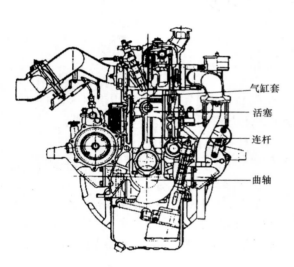

图2-31　发动机的剖面

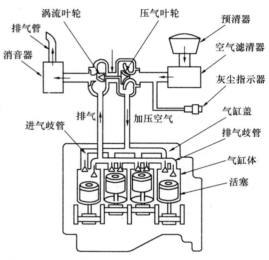

图2-32　进排气装置

1）空气滤清器

空气滤清器的作用是清除空气中的灰尘和杂质，将清洁的空气送入气缸，以减少发动机气缸内高速运动零件的磨损。

2）增压器

增压器由涡轮机和压气机两部分组成，按驱动方式可分为机械式和废气涡轮式，挖掘机上多采用废气涡轮式增压器。废气涡轮增压器是用发动机的排气推动涡轮机来带动压气机，以压缩进气，达到进气增压的要求，从而提高进气密度，以提高功率。

（3）润滑系统

润滑系统的主要作用是将润滑油不间断地送入发动机的各个摩擦表面（如轴承、活塞环、气缸壁等），以减少运动件之间的摩擦阻力和零件的磨损，并带走摩擦时产生的热量和金属磨屑。主要由机油滤清器、机油道、机油泵和机油散热器组成（图2-33）。

机油滤清器的作用是过滤机油中的灰尘等杂质。

发动机机油具有如下作用：

1）润滑作用。

2）冷却作用。

3）密封作用。

4）清理作用。

5）防锈作用。

所以机油有各种规格，使用机油时要选用机器操作说明书指定的机油规格。

（4）燃油系统

燃油系统的作用是将一定量的柴油，在一定时间内以一定的压力喷入燃烧室与空气混合，以便燃烧做功，它主要由柴油箱、输油泵、柴油滤清器、燃油喷射泵、喷油器和调速器等组成（图2-34）。

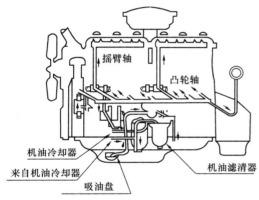

图 2-33 润滑系统

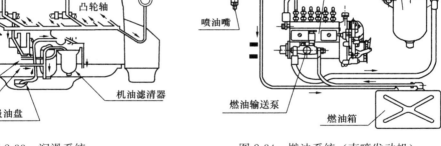

图 2-34 燃油系统（直喷发动机）

输油泵将从柴油箱吸上来的燃油，经过柴油滤清器送入燃油喷射泵，通过柱塞，产生很高的压力，再经喷射管、喷油器将燃油呈雾状喷入燃烧室。

1）喷油器

喷油器的作用是将燃油雾化成细微的油滴，并将其喷射到燃烧室特定的位置。

2）柴油滤清器

柴油滤清器的作用是去除柴油中的杂质和水分，提高柴油的清洁度（图2-35）。

（5）冷却系统

冷却系统的主要作用是将发动机受热零件，如气缸盖、气缸、气门等发出的热量散发到大气中，保证发动机的正常工作温度。根据冷却介质不同，分为水冷和风冷两种形式。水冷系统主要有水泵、风扇、散热器、节温器和冷却水道等组成（图2-36）。

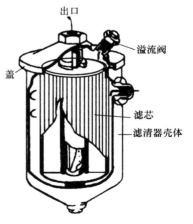

图 2-35 柴油滤清器

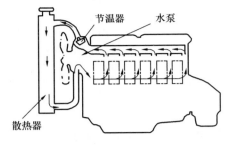

图 2-36　发动机冷却装置

水冷系统的冷却强度通常可以通过改变流经散热器的冷却液流量来调节，即低温时节温器关闭，小循环通路打开；当温度升高到一定程度，节温器打开，这时来自气缸盖出水口的冷却液全部进入散热器中进行冷却，此为大循环。

节温器开启温度：例：日立 ZX200　开启温度：82℃　全开温度：95℃。

冷却液包括冷却水、防锈剂和防冻剂。冷却水应选用杂质少的软水（例如：纯净水）。为防止散热器和发动机生锈，冷却水里应加入防锈剂。根据不同季节及机器作业上气候条件和现场工况温度的高低，可以调整防冻液的比例以达到设备运行条件。

（6）电气系统

传统的常规发动机的电气系统（图 2-37a）包括发动机的起动装置、充电电路等。

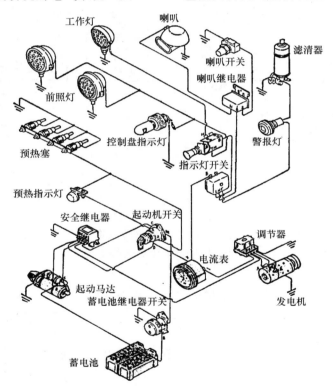

图 2-37a　电气系统

1）起动装置

起动装置：用来起动发动机，它主要包括起动电机及传递机构和便于起动的辅助装置。

起动电机（起动马达）：发动机起动时，使用起动马达带动飞轮旋转，驱动曲轴转动。

预热装置：预热装置的作用是加热进气管或燃烧室的空气，从而提高气缸内压缩终了状态空气的温度，使喷入燃烧室的柴油容易形成良好的混合气。预热电路中包含有预热塞和预热指示灯，预热时，预热指示灯点亮。

蓄电池：蓄电池作为化学电源，可储蓄电能。充电时，利用内部的化学反应将外部的电能转变为化学能储存起来；放电时，利用化学反应将储存的化学能转化为电能输出。起动电机和照明装置是蓄电池的主要用电设备。

2）充电电路

充电电路：蓄电池在使用过程中要消耗电能，因此需要不断补充和储蓄电能。实现储蓄电能的工作电路叫充电电路。充电电路包括发电机和调节器等。

发电机（交流发电机）：发电机的作用是在挖掘机工作中向用电设备供电和向蓄电池充电，它一般由风扇皮带进行驱动。发动机起动后发电机投入工作，其端电压随发动机转速的升高而逐渐增大，当端电压高于蓄电池的电压时，则由发电机向用电设备供电，同时向蓄电池充电，补充蓄电池消耗的电能。

调节器：调节器的作用是当发动机转速升高时，保证发动机供给的电压稳定在一定范围内。

（7）发动机的使用

1）起动前的检查

① 发动机机油的油量。

② 冷却水的水量。

③ 燃油量及油水分离器、燃油箱的放水。

2）起动时的注意事项

① 确认周围的安全状况。

② 操纵杆空档或者确认制动器。

③ 鸣笛，告之起动。

④ 预热约 20 秒（寒冷地区）。

⑤ 起动机的一次使用宜在 10 秒以内；待 30 秒以上，再起动。

3）5 分钟预热运转时

① 液压、气压等各仪表的指示值是否在正常范围内。

② 是否漏水、漏油。

③ 排气颜色是否正常。

④ 发动机运转是否正常。

4）运转中

① 机油压力是否正常。

② 冷却水温是否正常。

③ 充电状态是否正常。

④ 是否有异常声音。

5）停电时

停电前，发动机空载慢速运转 5 分钟。

6）工作结束时

① 关闭主开关，取下钥匙。

② 补充燃油。

（二）电喷发动机高压共轨系统

现代机电控制技术的发展对柴油发动机节能环保技术进步起到较大促进作用，近几年先后出现了高压共轨技术、车载电脑控制技术、缸内智能化传感器技术等（图 2-37b），整体提升了挖掘机智能化控制与节能水平，尾气排放的控制水平达到了国Ⅲ水准，推动了我国挖掘机产品节能环保水平与国际新产品的对接。

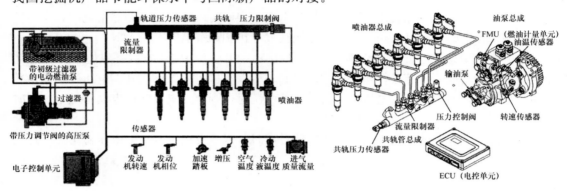

图 2-37b　智能电喷发动机高压共轨技术原理与主要组件布局（示例）

（1）高压共轨（Common Rail）电喷技术

高压共轨（Common Rail）电喷技术是指在高压油泵、压力传感器和电子控制单元（ECU）组成的闭环系统中，将喷射压力的产生和喷射过程彼此完全分开的一种供油方式。它的车载电脑系统可以实现若干控制功能，大幅度减小柴油机供油压力随发动机转速变化的程度。其控制内容分为燃油压力控制、喷射正时控制、喷射率控制和喷油量控制。

高压共轨电控燃油喷射系统主要由电控单元、高压油泵、蓄压器（共轨管）、电控喷油器以及各种传感器等组成。低压燃油泵将燃油输入高压油泵，经高压油泵加压后将高压燃油输送到共轨供油管（Rail），电控单元根据共轨供油管的压力传感器测量油轨压力，根据机器的运行状态，由电控单元确定合适的喷油时期，控制电子喷油器将燃油喷入气缸。由于燃油的压力极高且喷油孔小，因此燃油雾化均匀，燃烧充分，飞轮输出的功率很大。这就是电喷柴油机为动力的挖掘机会比直喷挖掘机动力强劲的原因。

（2）主要品牌

目前比较成熟的高压共轨控制系统有：德国 ROBERT BOSCH 公司的 CR 系统、日本电装公司的 ECD-U2 系统、意大利的 FIAT 集团的 unijet 系统、英国的 DELPHI DIESEL SYSTEMS 公司的 LDCR 系统等。

高压共轨技术系统存在不可维修性，因此需要特别注意日常维护保养，其更换的成本高昂。

（3）发展趋势

由于各国环保尾气排放标准的不断提升，高压共轨技术在国际知名品牌挖掘机产品得到应用，电喷柴油机替代传统的直喷柴油机成为节能环保技术进步趋势。小松-8 机、卡特 D 型机、沃尔沃 BRIME 机等挖掘机厂家在各自的柴油机上都采用了这种高压电喷共轨技术。

（三）LNG 压缩天然气发动机

1. 工作原理

天然气发动机基本原理为：压缩天然气从储气钢瓶出来，经过天然气滤清器过滤后，经高压减压器减压到 8～9bar 后，再经过低压电磁阀进入发动机。天然气由高压变成低压的过程中需要吸收大量的热量，为防止天然气结晶，从发动机将发动机冷却液引出对燃气进行加热。天然气再经过低压电磁阀进入电控调压器（电控调压器的作用是根据发动机运行工况精确控制天然气喷射量），天然气与空气在混合器内充分混合，进入发动机缸内，经火花塞点燃进行燃烧，火花塞的点火时刻由 ECM 控制，氧传感器即时监控燃烧后的尾气的氧浓度，推算出空燃比，ECM 根据氧传感器的反馈信号和 MAP 值及时修正天然气喷射量（图 2-37c）。

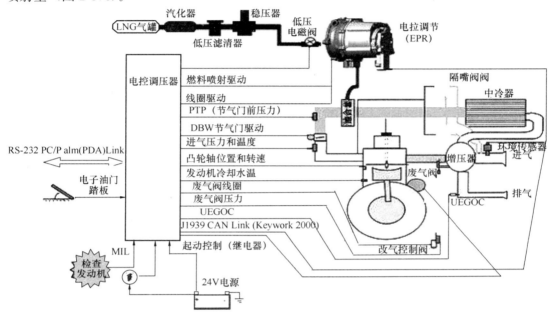

图 2-37c　压缩天然气发动机原理图（示例）

2. 系统部件

包括燃气供给系统、点火系统、增压压力控制系统等，其他还包括传感器和电子控制模块（图 2-37d）。

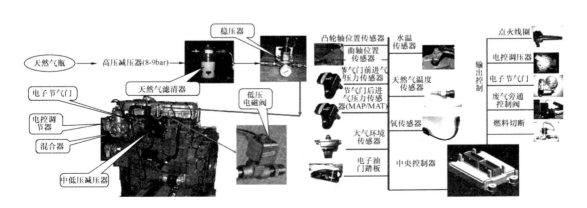

图 2-37d　压缩天然气发动机控制系统和主要部件布局图（示例）

3. 环保优势

LNG 压缩天然气发动机控制系统是实现高功率密度、高耐久性能的增压发动机动力输出的最合适的选择。其驾驶性能及在满足尾气排放要求前提下的燃料消耗经济性最优化。环境适应性好，即对不同海拔高度、燃料气质、湿度和环境温度的适应性最好。可靠性和耐久性非常高。热负荷接近柴油机。发动机排放达标，有利于降低车辆后处理成本；使用氧催化器可达欧Ⅲ至欧Ⅴ排放，使用 SCR 可达欧Ⅳ排放标准。

（四）电动挖掘机动力装置——电动机

1. 三相异步电机

三相异步电机是靠同时接入 380V 三相交流电源供电的一类电动机。由于三相异步电机的转子与定子旋转磁场以相同的方向、不同的转速形成旋转，存在转差率，所以被称为三相异步电机。

三相异步电机是感应电机，定子通入电流以后，部分磁通穿过短路环，并在其中产生感应电流。短路环中的电流阻碍磁通量的变化，致使有短路环部分和没有短路环部分产生的磁通量之间产生了相位差，从而形成旋转磁场。通电启动后，转子绕组因与磁场间存在着相对运动而感生电动势和电流，即旋转磁场与转子存在相对转速，并与磁场相互作用产生电磁转矩，使转子转动运行，如图 2-38 所示。

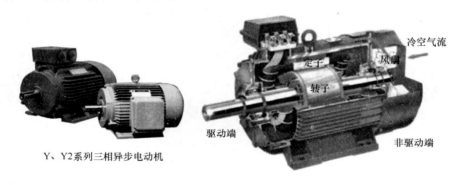

图 2-38 三相异步电机及其剖面图

三相异步电机的基本结构：三相异步电动机主要有由定子、转子、轴承、出线盒组成。定子主要由铁芯、三相绕组、机座、端盖组成。转子主要由输出轴、转子铁芯、转子绕组组成（图 2-39）。

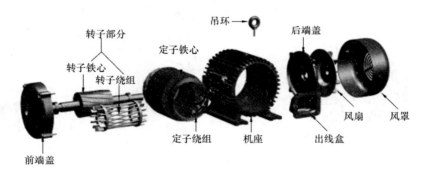

图 2-39 三相异步电机的基本结构

三相异步电动机铭牌

电动机的铭牌上标示着电动机在正常运行时的额定数据。示例：如图2-40所示。

（1）型号：表示电动机系列品种、性能、防护结构形式、转子类型等产品代号。

（2）额定功率：指电动机在额定运行情况下转轴输出的机械功率，单位为kW。

（3）额定电压：指电动机正常工作情况下加在定子绕组上的线电压，单位为V。

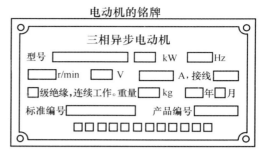

图2-40 电动机铭牌示例

（4）额定电流：指电动机额定电压下额定输出时定子电路的线电流，单位为A。

（5）接法：指电动机定子三相绕组的连接方法，一般有Y形（星形）和△形（三角形）两种接法。视电源额定电压情况而定。

（6）额定频率：指电动机所接电源的频率，我国电网额定频率为50Hz。

（7）额定转速：指电动机在额定电压、额定频率和额定输出功率的情况下转子的转速，单位为r/min。

（8）定额：指电动机运行允许工作的持续时间。分为"连续"、"短时"和"断续"三种工作制。"连续"表示可以按照铭牌中各项额定值连续运行。"短时"只能按铭牌规定的工作时间作短时运行。"断续"则表示可作重复周期性断续使用。

（9）绝缘等级：指电动机所采用的绝缘材料按它的耐热程度规定的等级。由绝缘材料的级别及其最高允许温度等因素决定绝缘等级的高低。

三相绕组的Y形（星形）和△形（三角形）连接方法，如图2-41所示。

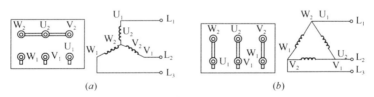

图2-41 电动机定子三相绕组的连接方法（Y形、△形）

（a）Y接法；（b）△接法

举例：电动机定子三相绕组的连接方法及参数表达

型　号　Y132S-6　　功　　率　3kW　　频　　率　50Hz

电压　380V　　　电　　流　7.2A　　联　　结　Y

转速　960r/min　功率因数　0.76　　　绝缘等级　B

1）型号　Y132S——6

Y表示——Y系列异步

132表示——机座中心高为132mm

S表示——机座长度代号

6表示——磁极数

2）额定功率 P_N

$$P_N = 3kW \rightarrow 转子轴上输出的机械功率$$

3）额定电压 U_N

$$U_N = 380\,V \rightarrow 定子三相绕组应施加的线电压$$

4）额定电流 I_N

$$I_N = 7.2A \rightarrow 定子三相绕组的额定线电流$$

5）联结方式

通常三相异步电动机 3kW 以下者，联结成星形，4kW 以上者，联结成三角形。

6）额定转速 n_N

电机在额定电压、额定负载下运行时的转子转速。

7）额定功率因数 $\cos\varphi_N$

额定负载时一般为 0.7～0.9，空载时功率因数很低约为 0.2～0.3。额定负载时，功率因数最大。实用中应选择合适容量的电机，防止"大马"拉"小车"的现象。

8）绝缘等级

指电机绝缘材料能够承受的极限温度等级，分为 A、E、B、F、H 五级，A 级最低（105℃），H 级最高（180℃）。

2. 变频电机简介

变频调速电机，是变频器驱动型电动机的统称简称变频电机。电机可以在变频器的驱动下实现不同的转速与扭矩，即可以根据工作需要，通过改变电机的频率来达到所需要的转速要求以适应负载的动态变化。变频电动机由传统的鼠笼式电动机发展而来，把传统的电机风机改为独立出来的风机，提高了电机绕组的绝缘性能。

（1）变频器工作原理

三相异步电动机的用电功率在拖动负载时需从电源吸取能量，该能量值的大小由负载的大小和变化从而通过变频技术实现所决定。若欲减小功率，除了降低拖动负载以外，还可以通过使用变频技术来改变电源频率，降低电机的输出功率。

（2）变频电动机应用场合

1）工作频率大于 50Hz 时（甚至高达 200～400Hz，在相应转速下工作，一般电动机不能胜任其机械离心力）。

2）工作频率小于 10～20Hz，长期重负载工作时（因通风量减少，一般电动机会产生过热，电动机绝缘受损）。

3）调速比 $D = N_{max}/N_{min}$ 较大（如 $D \geqslant 10$）或频率变化频繁的工作条件下。

（3）变频电动机的主要特点

1）散热风扇由独立的恒速电动机带动，与转子的转速无关，风量为定值。

2）机械强度设计可确保在最高速使用时安全可靠。

3）磁路设计适合最高和最低使用频率的要求。

4）高温条件下的绝缘强度设计比一般电动机有更高的要求。

5）高速时产生噪声、振动、损耗等都不大。

6）价格比一般电动机高大约 1.5～2 倍。

7）节能效果好，能耗大约是普通电机的 70%。

3. 防爆电机简介

在一些具有爆炸危险的场所，当气体或粉尘遭遇点火源或高温，就会发生燃烧或爆炸。而电机在运行中，可能会发生电弧或电火花（属于强点火源），此时若遇到爆炸性的粉尘或气体，就可能发生爆炸。

防爆型电动挖掘机常应用于煤矿、金属矿、非金属矿、煤矿矿井下，进行巷道出渣、井下装车、隧道掘进等有易燃易爆气体的场所作业。隧道中往往空气流通不畅、粉尘弥漫，有害气体瓦斯（甲烷）集聚浓度在局部较高，属于爆炸危险的场所。

防爆型电动挖掘机所使用的电机一般是隔爆型电机，其防爆原理是：将电机的带电部件放在特制的外壳内，该外壳具有将壳内电气部件产生的火花和电弧与壳外爆炸性混合物隔离开的作用，并能承受进入壳内的爆炸性混合物被壳内电气设备的火花、电弧引爆时所产生的爆炸压力，而外壳不被破坏；同时能防止壳内爆炸生成物向壳外爆炸性混合物传爆，不会引起壳外爆炸性混合物燃烧和爆炸。这种特殊的外壳叫"隔爆外壳"。具有隔爆外壳的电机称为"隔爆型电机"。隔爆型电机的标志为"d"，为了实现隔爆外壳耐爆和隔爆性能，对隔爆外壳的形状、材质、容积、结构等均有特殊的要求。

四、车架结构与行走机构

（一）车架结构

车架（也称底盘）是液压挖掘机的基本支撑部件，挖掘机的车架分为上车架和下车架。上车架安装动力系统、液压泵和部分主要液压件、驾驶室、工作装置等部件；下车架也称为行走支架（一般为 H 型或 X 型），用来安装旋转和行走机构的各零部件。上车架和下车架在结构上通过回转支撑部件连接，通过回转机构实现相对转动（图 2-42）。

上车架　　　　　　　　　　　下车架

图 2-42　液压挖掘机底盘车架（上车架、下车架）

回转支撑与回转机构

回转支撑按结构形式分为转柱式和滚动轴承式等两种（图 2-43）。

回转支撑的外座圈用螺栓与上车架连接，带齿的内座圈与下车架用螺栓连接，内外圈之间设有滚动体。回转马达的壳体固定在上车架上，马达输出轴装有小齿轮，小齿轮与回转支撑内座圈上的齿圈相啮合。小齿轮旋转时即可驱动上车架对下车架进行回转（图 2-44）。

转柱式　　　　　　滚动轴承式

图 2-43　转柱式和滚动轴承式回转支撑

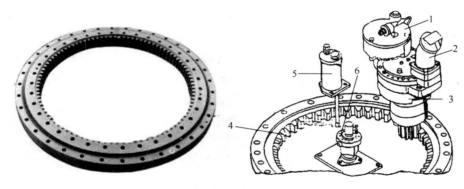

图 2-44　回转机构

1—制动器；2—液压马达；3—行星齿轮减速器；4—回转齿圈；5—润滑油杯；6—中央回转接头

（二）行走机构

液压挖掘机的行走机构用于承受机器的全部重量和工作装置的反力，同时也用于机器的短途行驶。按照构造不同主要分为履带式和轮胎式两大类。

1. 履带式行走机构

履带式行走机构由履带和驱动轮、引导轮、支重轮、托轮以及张紧机构组成（图 2-45），履带式行走机构被俗称为"四轮一带"，它直接关系到挖掘机的工作性能和行走性能（图 2-46）。

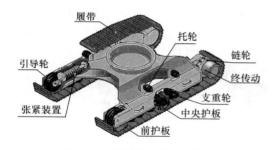

图 2-45　履带式行走机构剖面

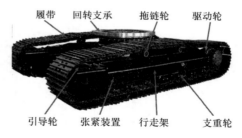

图 2-46　履带式行走机构实物

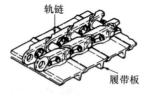

图 2-47　履带的结构

（1）履带

挖掘机的履带有整体式和组合式两种。目前液压挖掘机上广泛采用组合式履带。它由履带板、链轨节和履带销轴和销套等组成（图 2-47）。左右链轨节与销套紧配合连接，履带销轴插入销套有一定的间隙，以便转动灵活，其两端与另两个轨节孔配合。锁紧履带销与链轨节孔为动配合，便于整个履带的拆装。组合式履带的节距小，绕转性好，使挖掘机行走速度较快，销轴和硬度较高，耐磨，使用寿命长。

履带板有下列几种（图 2-48），根据不同的作业情况采用不同的履带板。

1）单筋履带板：牵引力大，通常用于履带式拖拉机和推土机。

2）双筋履带板：使机器转向方便，多用于装载机。

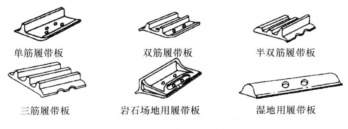

单筋履带板　　　　双筋履带板　　　　半双筋履带板

三筋履带板　　　岩石场地用履带板　　　湿地用履带板

图 2-48　履带板型式

3）半双筋履带板：牵引力和回转性能二者兼备。

4）三筋履带板：强度和刚度较好，承载能力大，履带运动平顺，多用于液压挖掘机。

5）雪地用：适于冰雪场所的作业。

6）岩石用：带有防侧滑棱，适用于基石场地的作业。

7）湿地用：履带板宽度加大，增大了接地面积，适用于沼泽地和软地基的作业。

8）橡胶履带：保护路面、减少噪声。

（2）支重轮与托轮。支重轮将挖掘机的重量传给地面，挖掘机在不同地面上行驶时，称重轮经常承受地面的冲击，因此支重轮所受的载荷较大，一般为：双边支重轮（图2-49）、单边支重轮（图2-50）。托轮与支重轮的结构基本相同。

图 2-49　双边支重轮及实物图　　　　　　　图 2-50　单边支重轮及实物图

（3）引导轮。引导轮用来引导履带正确绕转，防止其跑偏和越轨。多数液压挖掘机的引导轮同时起到支重轮的作用，这样可增加履带对地面的接触面积，减小接地比压。引导轮的轮面制成光面，中间有挡肩环做为导向用，两侧的环面则支撑轨链。引导轮与最靠近的支重轮的距离愈小，则导向性愈好（图2-51）。

图 2-51　引导轮工作位置及实物图

为了使引导轮充分发挥其作用并延长其使用寿命，其轮面对中心孔的径向跳动要≤3mm，安装时要正确对中。

（4）驱动轮。液压挖掘机发动机的动力是通过行走马达和驱动轮传给履带的，因此驱动轮应与履带的链轨啮合正确、传动平稳，并且当履带因销套磨损伸长时仍能很好地啮合。驱动轮（图2-52）通常位于挖掘机行走装置的后部，使履带的张紧段较短，以减少其磨损和功率消耗，驱动轮按轮体构造可分为整体式和分体式两种。分体式驱动轮的轮齿被分为5～9片齿圈，这样部分轮齿磨损时不必卸下履带便可更换，在施工现场方便修理降低了挖掘机维修工时成本。

图 2-52　分体式驱动轮及实物图

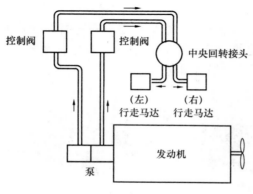

图 2-53　动力传递

发动机驱动液压泵输油，压力油经过控制阀、中央回转接头以后驱动安装在左、右履带架上的液压马达及减速机，进行行走或转向（图2-53）。通过驾驶室内的两根行走操纵杆可以对两个行走马达进行独立操纵。

（5）张紧装置

液压挖掘机的履带式行走装置使用一段时间后，链轨销轴的磨损使节距增大，导致整个履带伸长，致使摩擦履带架、履带脱轨、行走装置噪声大等故障，从而影响挖掘机的行走性能。因此每条履带必须装张紧装置，使履带经常保持一定的张紧度（图2-54，图2-55）。

油缸3和引导轮架的支座1、轴2，用螺栓连接成一体，以推动引导轮伸缩，活塞4装于油缸中，油封15封住活塞和油缸腔中的黄油，当从注油嘴16注入压力黄油时，则推压活塞右移，活塞推压推杆18，推杆又推压弹簧前座6、弹簧前座则压缩大小弹簧7和8，这样，在引导轮和弹簧之前就形成了一个弹性体，对履带施加的冲力进行缓冲，消除冲击负荷，减少冲击应力，提高使用寿命，油塞17是放黄油使用的，当履带张紧度过大时，则慢慢旋转油塞17，使黄油慢慢挤出，不可直接一次性旋松太多，以免黄油高压高速射出伤人。

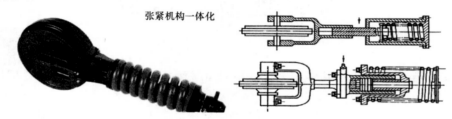

图 2-54　张紧装置实物图

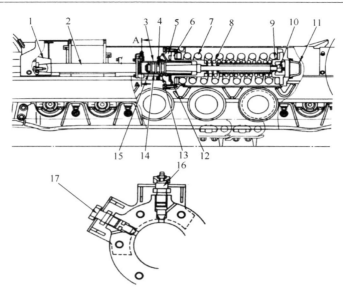

图 2-55 张紧装置及其组建构成

1—支座；2—轴；3—油缸；4—活塞；5—端盖；6—弹簧前座；7—大缓冲弹簧；8—小缓冲弹簧；9—弹簧后
座；10—螺母；11—端盖；12—衬套；13—油封；14—耐磨环；15—油封；16—注油嘴；17—油塞

（6）制动器

行走机构的制动器有常闭和常开两种形式。履带式液压挖掘机多采用常闭式。当行走
操纵杆（或者踏板）置于中位时，液压挖掘机行走系统的液压回路断开，行走马达不工
作，同时制动器依靠弹簧力紧闸起制动作用。当操作行走操纵杆（或者踏板）时，从行走
系统液压回路分流的压力油松闸，解除制动。

2. 轮胎式行走机构

轮胎式挖掘机的行走机构由机械传动和液压传动两种。其中的液压传动的轮胎式挖掘
机的行走机构主要由车架、前桥、后桥、传动轴和液压马达等组成（图 2-56）。

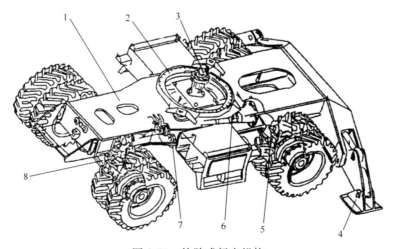

图 2-56 轮胎式行走机构

1—车架；2—回转支撑；3—中央回转接头；4—支腿；5—后桥；6—传动轴；7—液压马达及变速箱；8—前桥

行走液压马达安装在固定与机架的变速箱上，动力经变速箱、传动轴传给前后驱动桥，有的挖掘机经轮边减速器驱动车轮。采用液压马达的高速传动方式使用可靠，省掉了机械传动中的上下传动箱垂直动轴，结构简单布置方便。

五、液压系统

挖掘机的液压系统按照挖掘机工作装置和各个机构的传动要求，把各种液压元件用管路有机地连接起来就组成一个液压系统。它是以油液为工作介质、利用液压泵将液压能转变为机械能，进而实现挖掘机的各种动作。

挖掘机的液压系统通过柴油机输出机械能，再由液压泵把机械能转换成液压能，然后通过液压系统把液压能分配到各执行元件（液压油缸、回转马达＋减速机、行走马达＋减速机），由各执行元件再把液压能转化为机械能，实现工作装置的运动、回转平台的回转运动、整机的行走运动（图2-57）。

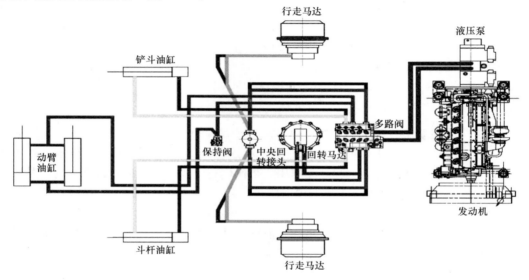

图 2-57　油路连通图

按照不同的功能，可将挖掘机液压系统分为三个基本部分：工作装置系统、回转系统、行走系统。挖掘机的工作装置主要由动臂、斗杆、铲斗及相应的液压缸组成，它包括动臂、斗杆、铲斗三个液压回路。回转装置的功能是将工作装置和上部转台向左或向右回转，以便进行挖掘和卸料，完成该动作的液压元件是回转马达。行走系统所用的液压元件主要是行走马达。

（一）基本动作与动力传输路线

1. 挖掘

通常以铲斗液压缸或斗杆液压缸分别进行单独挖掘，或者两者配合进行挖掘。在挖掘过程中主要是铲斗和斗杆有复合动作，必要时配以动臂动作。

2. 满斗举升回转

挖掘结束后，动臂缸将动臂顶起、满斗提升，同时回转液压马达使转台转向卸土处，此时主要是动臂和回转的复合动作。动臂举升和臂和铲斗自动举升到正确的卸载高度。由于卸载所需回转角度不同，随挖掘机相对自卸车的位置而变，因此动臂举升速度和回转速度相对关系应该是可调整的，若卸载回转角度大，则要求回转速度快些，而动臂举升速度慢些。

3. 卸载

回转至卸土位置时，转台制动，用斗杆调节卸载半径和卸载高度，用铲斗缸卸载。为了调整卸载位置，还需动臂配合动作。卸载时，主要是斗杆和铲斗复合作用，兼以动臂动作。

4. 空斗返回

卸载结束后，转台反向回转，同时动臂缸和斗杆缸相互配合动作，把空斗放到新的挖掘点，此工况是回转、动臂、和斗杆复合动作。由于重力作用动臂油缸液压油路流量大、压力低动臂下降速度快，所以为完成相互配合动作上车体必须快速回转，此时动臂油缸液和回转马达同时需要大流量供油，因此该工况的供油情况通常是一个泵全部流量供回转，另一泵大部分油供动臂，少部分油经节流供斗杆。

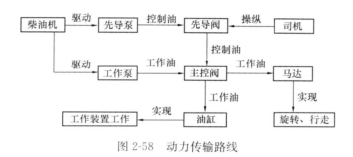

图 2-58 动力传输路线

5. 挖掘机各运动部件的动力传输路线（图 2-58）

（1）行走动力传输路线

柴油机——联轴节——液压泵（机械能转化为液压能）——分配阀——中央回转接头——行走马达（液压能转化为机械能）——减速箱——驱动轮——轨链履带——实现行走。

（2）回转运动传输路线

柴油机——联轴节——液压泵（机械能转化为液压能）——分配阀——回转马达（液压能转化为机械能）——减速箱——回转支承——实现回转。

（3）动臂运动传输路线

柴油机——联轴节——液压泵（机械能转化为液压能）——分配阀——动臂油缸（液压能转化为机械能）——实现动臂运动。

（4）斗杆运动传输路线

柴油机——联轴节——液压泵（机械能转化为液压能）——分配阀——斗杆油缸（液压能转化为机械能）——实现斗杆运动。

（5）铲斗运动传输路线

柴油机——联轴节——液压泵（机械能转化为液压能）——分配阀——铲斗油缸（液压能转化为机械能）——实现铲斗运动。

（二）基本液压回路分析

基本回路是由一个或几个液压元件组成、能够完成特定的单一功能的典型回路，它是液压系统的组成单元。液压挖掘机液压系统中基本回路有限压回路、卸荷回路、缓冲回路、节流回路、行走回路、合流回路、再生回路、闭锁回路、操纵回路等。

1. 限压回路

限压回路用来限制压力，使其不超过某一调定值。限压的目的有两个：一是限制系统的最大压力，使系统和元件不因过载而损坏，通常用安全阀来实现，安全阀设置在主油泵出油口附近；二是根据工作需要，使系统中某部分压力保持定值或不超过某值，通常用溢流阀实现，溢流阀可使系统根据调定压力工作，多余的流量通过此阀流回油箱，因此溢流阀是常开的。

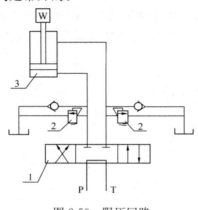

图 2-59　限压回路
1—换向阀；2—限压阀；3—油缸

液压挖掘机执行元件的进油和回油路上常成对地并联有限压阀，限制液压缸、液压马达在闭锁状态下的最大闭锁压力，超过此压力时限压阀打开、卸载保护了液压元件和管路免受损坏，这种限压阀（图 2-59）实际上起了卸荷阀的作用。维持正常工作，动臂液压缸虽然处于"不工作状态"，但必须具有足够的闭锁力来防止活塞杆的伸出或缩回，因此须在动臂液压缸的进出油路上各装有限压阀，当闭锁压力大于限压阀调定值时，限压阀打开，使油液流回油箱。限压阀的调定压力与液压系统的压力无关，且调定压力愈高，闭锁压力愈大，对挖掘机作业愈有利，但过高的调定压力会影响液压元件的强度和液压管路的安全。通常高压系统限压阀的压力调定不超过系统压力的 25%，中高压系统可以调至 25% 以上。

2. 缓冲回路

液压挖掘机满斗回转时由于上车转动惯量很大，在启动、制动和突然换向时会引起很大的液压冲击，尤其是回转过程中遇到障碍突然停车。液压冲击会使整个液压系统和元件产生振动和噪音，甚至破坏。挖掘机回转机构的缓冲回路就是利用缓冲阀等使液压马达高压腔的油液超过一定压力时获得出路。图 2-60 为液压挖掘机中比较普遍采用的几种缓冲回路。

图 2-60（a）中回转马达两个油路上各装有动作灵敏的小型直动式缓冲（限压）阀 2、3，正常情况下两阀关闭。当回转马达突然停止转动或反向转动时，高压油路Ⅱ的压力油经缓冲阀 3 泄回油箱，低压油路Ⅰ则由补油回路经单向阀 4 进行补油，从而消除了液压冲击。缓冲（限压）阀的调定压力取决于所需要的制动力矩，通常低于系统最高工作压力。该缓冲回路的特点是溢油和补油分别进行，保持了较低的液压油温度，工作可靠，但补油量较大。

图 2-60（b）是高、低压油路之间并联有缓冲阀，每一缓冲阀的高压油口与另一缓冲阀的低压油口相通。当回转机构制动、停止或反转时，高压腔的油经过缓冲阀直接进入低压腔，减小了液压冲击。这种缓冲回路的补油量很少，背压低，工作效率高。

图 2-60（c）是回转马达油路之间并联有成对单向阀 4、5 和 6、7，回转马达制动或

换向时高压腔的油经过单向阀 5、缓冲（限压）阀 2 流回油箱，低压腔从油箱经单向阀 6 获得补油。

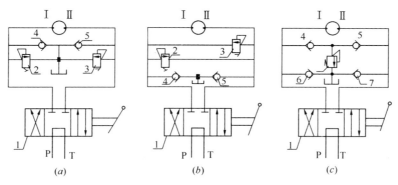

图 2-60　缓冲回路
1—换向阀；2、3—缓冲阀；4、5、6、7—单向阀

上述各回转回路中的缓冲（限压）阀实际上起了制动作用，换向阀 1 中位时回转马达两腔油路截断，只要油路压力低于限压阀的调定压力，回转马达即被制动，其最大制动力矩由限压阀决定。

当回转操纵阀回中位产生液压制动作用时，挖掘机上部回转体的惯性动能将转换成液压位能，接着位能又转换为动能，使上部回转体产生反弹运动来回振动，使回转齿圈和油马达小齿轮之间产生冲击、振动和噪声，同时铲斗来回晃动，致使铲斗中的土洒落，因此挖掘机的回转油路中一般装设防反弹阀。

3. 节流回路

节流调速是利用节流阀的可变通流截面改变流量而实现调速的目的，通常用于定量系统中改变执行元件的流量。这种调速方式结构简单，能够获得稳定的低速，缺点是功率损失大，效率低，温升大，系统易发热，作业速度受负载变化的影响较大。根据节流阀的安装位置，节流调速有进油节流调速和回油节流调速两种。

图 2-61（a）为进油节流调速，节流阀 3 安装在高压油路上，液压泵 1 与节流阀串联，节流阀之前装有溢流阀 2，压力油经节流阀和换向阀 4 进入液压缸 5 的大腔使活塞右移。负载增大时液压缸大腔压力增大，节流阀前后的压力差减小，因此通过节流阀的流量减少，活塞移动速度降低，一部分油液通过液流阀流回油箱。反之，随着负载减小，通过节流阀进入液压缸的流量增大，加快了活塞移动速度，液流量相应地减少。这种节流方式由于节流后进入执行元件的油温较高，增大渗漏的可能性，加以回油无阻尼，速度平稳性较差，发热量大，效率较低。

图 2-61（b）为回油节流调速，节流阀安装在低压回路上，限制回油流量。回油节流后的油液虽然发热，但进入油箱，不会影响执行元件的密封效果，而且回油有阻尼，速度比较稳定。

液压挖掘机的工作装置为了作业安全，常在液压缸的回油回路上安装单向节流阀，形成节流限速回路。如图 2-61（c）所示，为了防止动臂因自重降落速度太快而发生危险，其液压缸大腔的油路上安装由单向阀和节流阀组成的单向节流阀。此外，斗杆液压缸、铲斗液压缸在相应油路上也装有单向节流阀。

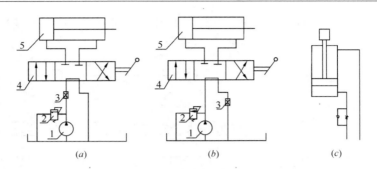

图 2-61 节流回路

1—齿轮泵；2—溢流阀；3—节流阀；4—换向阀；5—油缸

4. 行走限速回路

履带式液压挖掘机下坡行驶时因自重加速，可能导致超速溜坡事故，且行走马达易发生吸空现象甚至损坏。因此应对行走马达限速和补油，使行走马达转速控制在允许范围内。

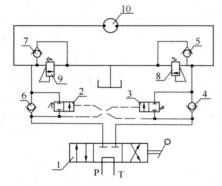

图 2-62 行走限速回路

1—换向阀；2、3—压力阀；4、5、6、7—单向阀；8、9—安全阀；10—行走马达

行走限速回路是利用限速阀控制通道大小，以限制行走马达速度。比较简单的限速方法是使回油通过限速节流阀，挖掘机一旦行走超速，进油供应不及，压力降低，控制油压力也随之降低，限速节流阀的通道减小，回油节流，从而防止了挖掘机超速溜坡事故的发生。

履带式液压挖掘机行走马达常用的限速补油回路如图 2-62 所示，它由压力阀 2、3，单向阀 4、5、6、7 和安全阀 8、9 等组成。正常工作时换向阀 1 处于右位，压力油经单向阀 4 进入行走马达 10，同时沿控制油路推动压力阀 2，使其处于接通位置，行走马达的回油经压力阀 2 流回油箱。当行走马达超速运转时，进油供应不足，控制油路压力降低，压力阀 2 在弹簧的弹力作用下右移，回油通道关小或关闭，行走马达减速或制动，这样便保证了挖掘机下坡运行时的安全。

这种限速补油回路的回油管路上装有 5～10bar 的背压阀，行走马达超速运转时若主油路压力低于此值，回油路上的油液推开单向阀 5 或 7 对行走马达进油腔补油，以消除吸空现象。当高压油路中压力超过安全阀 8 或 9 的调定压力时，压力油经安全阀返回油箱。

此外为了实现工作装置、行走同时动作时的直线行驶，一般采用直行阀，图 2-63 为直行阀工作原理图。在行驶过程中，当任一作业装置动作时，作业装置先导操纵油压就会作用在直行阀上，克服弹簧力，使直行阀处于上位。图中前泵并联供左右行走，后泵并联供回转、

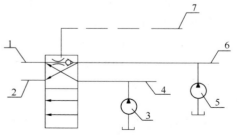

图 2-63 直走阀油路

1—行走；2—动臂铲斗；3—前泵；4—行走；5—后泵；6—回转、斗杆；7—先导油压

斗杆、铲斗和动臂动作,后泵还可通过单向阀和节流孔与前泵合流供给行走。

5. 合流回路

为了提高挖掘机工作效率、缩短作业循环时间,要求动臂提升、斗杆收放和铲斗转动有较快的作业速度,要求能双(多)泵合流供油,一般中小型挖掘机动臂液压缸和斗杆液压缸均能合流,大型挖掘机的铲斗液压缸也要求合流。目前采用的合流方式有阀外合流、阀内合流及采用合流阀供油几种合流方式。

阀外合流的液压执行元件由两个阀杆供油,操纵油路联动打开两阀杆,压力油通过阀外管道连接合流供给液压作用元件,阀外合流操纵阀数量多,阀外管道和接头的数量也多,使用上不方便。阀内合流的油道在内部沟通,外面管路连接简单,但内部通道较复杂,阀杆直径的设计要综合平衡考虑各种分合流供油情况下通过的流量。合流阀合流是通过操纵合流阀实现油泵的合流,合流阀的结构简单,操纵也很方便。

6. 闭锁回路

动臂操纵阀在中位时油缸口闭锁,由于滑阀的密封性不好会产生泄露,动臂在重力作用下会产生下沉,特别是挖掘机在进行起重作业时要求停留在一定的位置上保持不下降,因此设置了动臂支持阀组。如图2-64所示,二位二通阀在弹簧力的作用下处于关闭位置,此时动臂油缸下腔压力油通过阀芯内钻孔通向插装阀上端,将插装阀压紧在阀座上,阻止油缸下腔的油从 B 至 A,起闭锁支撑作用。当操纵动臂下降时,在先导操纵油压 P 作用下二位二通阀处于相通位置,动

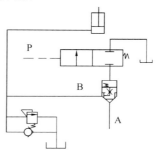

图 2-64 闭锁回路

臂油缸下腔压力油通过阀芯钻孔油道经二位二通阀回油,由于阀芯内钻孔油道节流孔的节流作用,使插装阀上下腔产生压差,在压差作用下克服弹簧力,将插装阀打开,压力油从 B 至 A。

7. 再生回路

动臂下降时,由于重力作用会使降落速度太快而发生危险,动臂缸上腔可能产生吸空,有的挖掘机在动臂油缸下腔回路上装有单向阀和节流阀组成的单向节流阀,使动臂下降速度受节流限制,但这将引起动臂下降慢,影响作业效率。目前挖掘机采用再生回路,如图2-65所示,动臂下降时,油泵的油经单向阀通过动臂操纵阀进入动臂油缸上腔,从动臂油缸下腔排除的油需经节流孔回油箱,提高了回油压力,使得液压油能通过补油单向阀供给动臂缸上腔。这样当发动机在低转速和泵的流量较低时,能防止动臂因重力作用下迅速下降而使动臂缸上腔产生吸空。

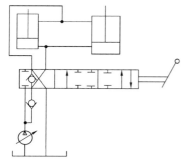

图 2-65 再生回路

在挖掘机液压系统中,不论是简单的或者是复杂的,其液压系统总是由一些液压基本回路所组成,每一种回路主要是用来完成某种基本功能。在液压系统中,工作装置的运动、停止及运动方向的改变,都是用控制进入工作装置油缸的液流方向的改变而改变的。因此,熟悉和掌握这些液压基本回路的工作原理、组成的特点,有助于我们分析和排除液压系统发生的故障,对于合理使用,正确维护保养均具有现实意义。

8. 换向回路

换向回路是指用来实现变换执行机构运动方向的回路。液压系统工作机构的换向大部分是由换向阀（方向阀）来完成的。图 2-66 所示的是采用二位四通换向阀的换向回路。

当换向阀 4 的电磁铁 DT 通电时，左位接入液压系统，油泵 2 输出的油液经换向阀 P→A 进入液压油缸 5 的左腔，活塞向右运动，油腔的油液经换向阀 B-+O 回到油箱。

当换向阀的电磁铁断电时，滑阀复位（如图示位置），油液经换向阀 P→B 进入油缸右腔，左腔油液由 A→O 回到油箱，此时活塞向左运动。

由此可见，随着换向阀电磁铁的通电与断电，相应地使液压油缸活塞的运动方向得到改变，实现了工作机构换向的功能。溢流阀 3 的主要作用是调节整个油路的压力。

9. 卸荷回路

在用定量泵供油的液压系统中，当执行机构不工作时，应使油泵处于卸载状态，此时的回路称为卸荷回路。亦即油泵以最小输出功率运转。在液压工程机械中，较多地属于短暂反复的周期性运动的工作机械，当工作机构停止运动后，卸荷回路尤为重要。因为卸荷后可以节约动力消耗，减少系统发热，延长油泵的使用寿命。图 2-67 所示，采用三位四通换向阀的卸荷回路。

当换向阀 3 的电磁铁 IDT 通电时，左位接入液压系统，油泵 1 输出的油液经换向阀后进入液压油缸 4 的左腔，活塞向右运动，右腔的油液再返回油箱。

当换向阀 3 的电磁铁 2DT 通电时，右位接入液压系统，油泵 1 输出的油液经换向阀后进入液油缸 4 的右腔，活塞向左运动，左腔的油液再返回油箱。

当换向阀 3 处于图示位置时，油泵输出的油液经换向阀中间通道直接返回油箱，从而实现了油泵卸荷。

10. 调压回路

调压回路属于压力控制回路，利用压力控制阀控制系统或某一支路上压力的回路，可以使某一支路的压力根据作业需要进行调整，亦即可使系统的执行机构根据需要能在不同压力的状态下工作。图 2-68 所示为调压（减压）回路。

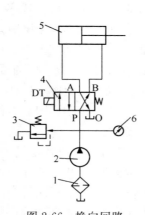

图 2-66 换向回路

1—过滤器；2—液压油泵；3—溢流阀；4—换向阀；5—液压油缸；6—压力表

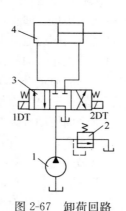

图 2-67 卸荷回路

1—液压油泵；2—溢流阀；3—电磁换向阀；4—液压油缸

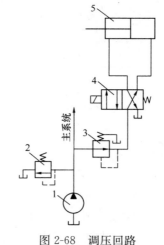

图 2-68 调压回路

1—液压油泵；2—溢流阀；3—减压阀；4—二位四通换向阀；5—工作阀

油泵 1 的最大工作压力（主系统工作压力），由溢流阀 2 根据主油路所需压力调整。

油缸 5 这个分支油路所需的工作压力比主油路所需压力低，为此，可在分支油路中设置减压阀 3 来获得所需要的压力。

当溢流阀的设定压力为一定值时，减压阀的出口压力可以在低于溢流阀调定压力以下的范围内进行调节。

（三）小型挖掘机液压系统分析

1. 液压系统工作原理

发动机或电动机启动，当先导控制阀组Ⅲ不工作时，液压泵 17、18 提供的压力油分别通过多路换向阀组Ⅰ、Ⅱ以及限速阀 7 返回油箱。齿轮泵 22 为先导控制油路供压，压力过大时则压力油通过溢流阀流回油箱。液压原理见图 2-69。

先导控制阀 26、27 中的电磁铁 6Y、7Y 同时通电，来自齿轮泵 22 的压力油控制多路换向阀组Ⅱ中的 10、13 换向阀，液压挖掘机左右行走马达开始工作，使挖掘机移动到工作位置（先导阀 26、27 单独控制时液压挖掘机单侧行走）。

到达工作地点后，通过控制先导控制阀 24、25、28 中的电磁铁调整液压挖掘机斗杆、动臂和铲斗液压缸，使铲斗调整到合适的切削角度。

调整好铲斗工作位置后，先导控制阀 24 中的电磁铁 1Y 通电，斗杆液压缸伸出，完成挖掘动作。挖掘完成后，先导控制阀 25 中的电磁铁 4Y 通电，动臂油缸伸出，使动臂提升到指定位置。

控制先导控制阀 29，使机身回转，令铲斗回转到指定卸载位置。先导控制阀中 28 中的电磁铁 10Y 通电，铲斗油缸收回，完成卸载（复杂的卸载动作需要斗杆、动臂和铲斗液压缸的复合动作）。

卸载结束后，控制先导控制阀 29 使机身反方向回转。同时斗杆、动臂、铲斗液压缸配合动作使空斗置于新的挖掘位置。

2. 液压系统部分部件的作用

限速阀。两组多路换向阀采用串联油路，其回油路并联。油液经过限速阀 7 流回邮箱。限速阀 7 的液控作用着由梭阀 11 提供的 17、18 两油泵的最大压力。当挖掘机下坡行走出现超速情况时，油泵出口压力降低，限速阀 7 自动对回油路进行节流，防止溜坡现象，保证液压挖掘机安全。

合流阀：多路换向阀组Ⅱ不工作时候通过合流阀，液压泵 17 输出的压力油经过合流阀进入多路换向阀Ⅰ。以加快动臂或斗杆的移动速度。

蓄能器：保持先导油路油压稳定和熄火后提供油压还能完成几个动作的控制。

节流阀：防止动臂、斗杆、和铲斗发生因重力超速现象，起限速作用。

缓冲阀：用于缓冲惯性负载所引起的压力冲击。

节流阀：进入回转马达 6 内部和壳体内的液压油温度不同，会造成液压马达各零件热膨胀程度不同，引起密封滑动面卡死的热冲击现象。为此，在液压马达壳体上设两个油口，一个油口直接接回油箱，另一个油口经节流阀 32 与有背压回路（背压单向阀 33）相通，使部分回油进入壳体。由于液压马达壳体内经常有循环油流过，带走热量，因此可以防止热冲击的发生。此外，循环油还能冲洗壳体内磨损物。

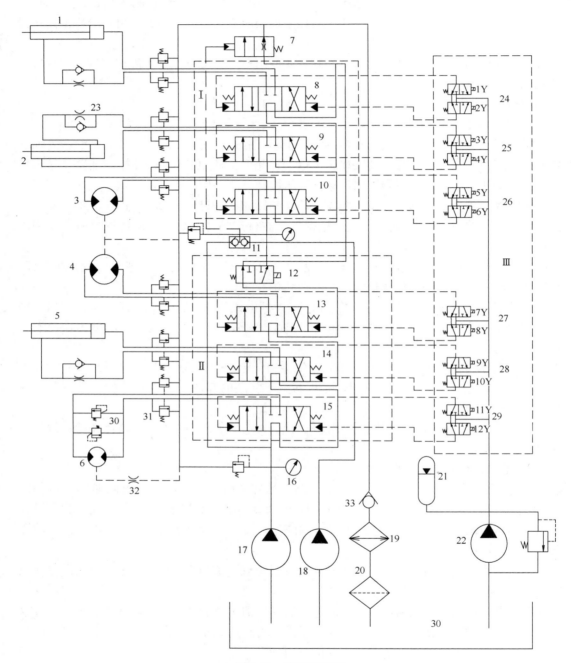

图 2-69　液压原理图

Ⅰ、Ⅱ多路阀组　Ⅲ先导控制阀组

1—斗杆液压缸；2—动臂液压缸；3、4—左右行走马达；5—铲斗液压缸；6—回转马达；7—限速阀；8、9、10—多路阀组；11—梭阀；12—合流阀；13、14、15—多路阀组；16—压力表；17、18—液压泵；19—冷却器；20—滤油器；21—蓄能器；22—齿轮泵；23—节流阀；24、25、26、27、28、29—先导控制阀；30—溢流阀；31—卸荷阀；32—节流阀；33—单向阀

六、执行机构

铰接式反铲式单斗液压挖掘机最常用的结构形式，动臂、斗杆和铲斗等主要部件彼此铰接（图2-70）。

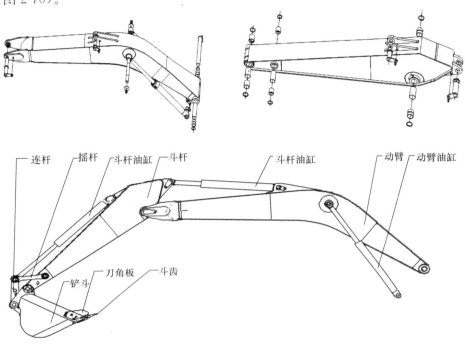

图 2-70　动臂、斗杆

（一）动臂

动臂是反铲的主要部件，其结构由整体式和组合式两种。

1. 整体式动臂

整体式动臂的优点是结构简单，质量轻而刚度大。其缺点是更换的工作装置少，通用性较差，多用于长期作业条件相似的挖掘机上。整体式动臂又可分为直动臂和弯曲动臂两种。其中的直动臂结构简单质量轻制造方便，主要用于悬挂式挖掘机，但它不能使挖掘机获得较大的挖掘深度不适用于通用挖掘机；弯动臂是目前应用最广泛的结构形式（图2-71），与通常所见的直动臂相比可使挖掘机有较大的挖掘深度，但降低了卸土高度，这正符合挖掘机反铲作业的要求。

2. 组合式动臂

组合式动臂有辅助连杆（或液压缸）或螺栓连接而成。（图2-72）上下动臂之间的夹角可用辅助连杆或液压缸来调节，虽然结构操作复杂化但在挖掘机作业中可随时大幅度调整上下动臂者间的夹角，从而提高挖掘机的作业性能，尤其是用反铲或抓斗挖掘窄而深基坑时，容易得到较大距离的垂直挖掘轨迹，提高挖掘质量和生产率。组合式动臂的优点是，可以根据作业条件随意调整挖掘机的作业尺寸和挖掘能力，且调整时间短。此外它的互换工作装置多，可以满足各种作业的需要，装车运输方便。其缺点是质量大，制造成本高，用于中小型挖掘机上。

弯动臂   直动臂

图 2-71 整体式动臂实机

图 2-72 组合式动臂

工作装置是液压挖掘机的主要组成部分，由于工作内容不同，种类也很多，常用的有反铲、正铲、起重等类型，而且同一类型的装置也包括多种结构形式。工作装置由相对应的油缸或马达驱动，通过操作驾驶室内的操纵杆和踏板，对各个部件，如（动臂、斗杆、铲斗）等进行控制。

（二）反铲装置

反铲装置是中小型液压挖掘机的主要工作装置。反铲装置由动臂、斗杆、铲斗以及动臂油缸、斗杆油缸、铲斗油缸和连杆机构等组成。其构造特点是各部件之间均采用铰接方式，通过油缸的伸缩来完成挖掘过程中的各个动作。

铲斗的结构形式和参数的合理选择对挖掘机作业效果的影响很大。铲斗的作业对象繁多，作业条件也不同，使用同一铲斗来适应任何作业对象和条件是很困难的。为了满足各种情况，尽可能提高作业效率，可采用结构形式各异的铲斗。常见的反铲铲斗（见图2-73）：

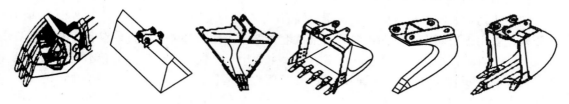

图 2-73 常见的反铲铲斗

标准铲斗：适用于普通挖掘。

梯形铲斗：使用于挖掘成形沟。

排土（推顶式）铲斗：带有强制卸土的推顶装置，适用于挖掘黏土。

平坡铲斗：适用于坡面的平整，压实作业。

松土斗：中齿特别突出，适用于挖掘硬土和拔出树根等作业。

松土装置：适用于开挖有大裂纹的岩石和冻土，也可用于破坏沥青路面和掘起路缘石。

（三）抓斗装置

抓斗装置（图2-74）主要用于装卸物料，以及挖掘沟槽基坑尤其是深井的挖掘作业。

抓斗按照传动方式不同可以分为液压抓斗和钢绳抓斗两大类。液压挖掘机上一般采用液压抓斗。

图 2-74　抓斗装置

（四）正铲装置

正铲装置（图 2-75）的组成和挖掘原理与反铲类似，不同点主要在于挖掘方向相反，并由此导致各油缸工作方向的改变。此外，正铲装置主要用于挖掘停机面以上的土壤和经爆破的矿石等。工作时，铲斗一边向前推，一边提升。

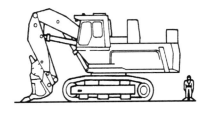

图 2-75　正铲装置

（五）破碎器（俗称：拆除啄木鸟）

挖掘机液压破碎器（锤）（图 2-76）是利用液压能转化为机械能，对外做功的一种工作装置，它主要用于打桩、开挖冻土层和岩层、可更换的作业工具（凿子、扁铲、镐）等组成。锤的撞击部分在双作用液压缸作用下，在壳体内作往复直线运动，装机作业工具，完成破碎和开挖作业。液压破碎器通过附加的中间支撑与斗杆连接。为了减轻振动，在锤的壳体和支座的连接处常设有橡胶连接装置。

图 2-76　装有液压破碎器的挖掘机

液压破碎器结构经过近 40 年的发展，其规格和功率都大量增加，可靠性和工作效率也明显提高。其中最大的技术进步是"智能型液压破碎器"的诞生，其特点是能根据岩石的阻力自动调节输出功率，当岩石被击穿时，自动切断功率输出，避免空打、损坏工具和固定销。

七、电控系统

液压挖掘机电气控制系统主要是对发动机、电动机、液压泵、多路换向阀和执行元件（液压缸、液压马达）的一些温度、压力、速度、开关量进行检测并将有关检测数据输入给挖掘机的专用控制器，控制器综合各种测量值、设定值和操作信号并发出相关控制信息，对发动机、液压泵、液压控制阀和整机进行控制。

本节以某型电动挖掘机的电控系统为例（图 2-77）来讲述挖掘机的电控系统基本知识。

（一）电气控制系统具有以下功能

1.控制功能：负责对发动机或电动机、液压泵、液压控制阀和整机的复合控制。

2.检测和保护功能：通过一系列的传感器、油压开关、熔断器和显示屏等对挖机的

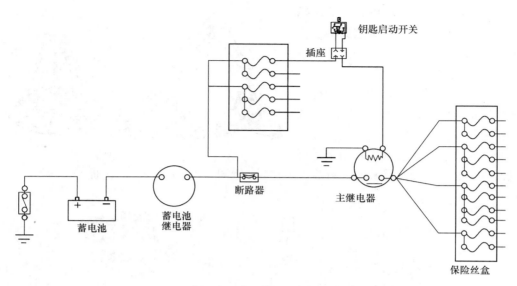

图 2-77　液压挖掘机电气控制系统简图（电动挖掘机为例）

发动机、液压系统、气压系统和工作状态进行检测和保护。

3.照明功能：主要有司机室厢灯、工作装置作业灯及检修灯。

4.其他功能：主要有刮雨器、喷水器、空调器和收放音机等。

（二）电源电路

电源电路为小电流电路由蓄电池供电，主要为电器元器件供电。

（三）电动机控制电路

控制电路用以实现电动机的启动/停止，电动机速度的调节，电动机功率与液压泵的功率的匹配，满足电动机在不同环境条件下工作。根据电机铭牌及使用说明书要求，可选择电压 380V，频率 50HZ 的工业用电，电路选为"Y"星型接法（图 2-78）。启动方式选择为"Y/△"启动，这样可有效减小启动时的电流冲击，保持电网相对稳定。

（四）辅助电路

辅助电路主要控制部件包括车前灯，驾驶室灯，空调，雨刷，收音机，喇叭（图2-79）。

（五）充电电路

主要是负责向所有用电设备供电，同时为蓄电池充电。蓄电池为 DC24V，采用单线制接法，即机械上所有电气设备的正极相连，而把负极与机身相连，电器设备之间为并联。例如喇叭充电线路（图 2-80）。

（六）电子电路系统

电子电路系统（图 2-81）的主要控制对象是挖掘机液压系统中的各电磁阀，继电器，传感器，报警器等。通过主控制器发出信号，使相应的元器件动作，引起液压系统油路的改变，从而达到相应的电动机功率变化，挖掘机行走、回转等目的。

1.行走回转控制电子电路行走与回转都是通过控制相应的电磁阀，改变油路走向，使行走马达和回转马达动作，驱动相应的液压缸运动，二者具有相似性。具体行走、回转电路如图 2-82 所示。

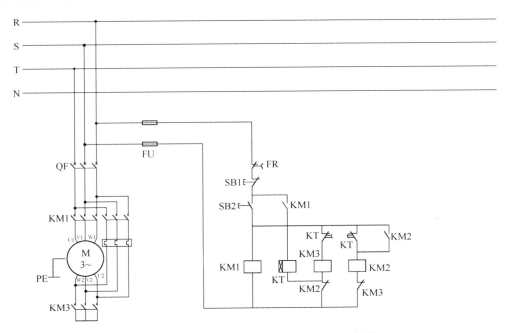

图 2-78 电动机主控制电路（电动挖掘机为例）

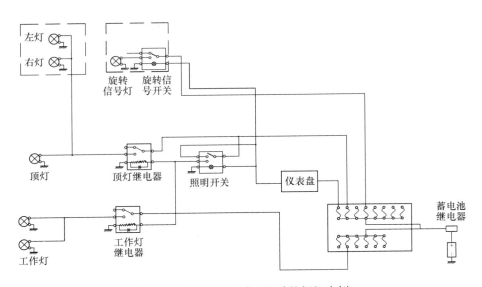

图 2-79 辅助控制电路（电动挖掘机为例）

2. 主泵控制系统（图 2-82）主要作用在于通过传感器采集电动机转速，负载等数据，通过处理器综合分析发出控制信号，引起相应控制元件动作，从而改变液压油路，使执行机构动作，实现回转、行走、动作等。（例：回转电路如图 2-83）

小型电动挖掘机一般没有专门的先导油泵，而是利用自压减压阀将来自于主泵的压力油降压转化为先导油，作用于电磁阀和比例压力控制阀（简称 PPC 阀），来控制全车的液压系统，因而此处的自压减压阀类似于先导泵。先导电路如电气系统的整体电路图如图 2-84 所示。

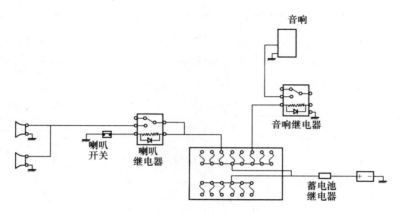

图 2-80　喇叭接线原理示意图（电动挖掘机为例）

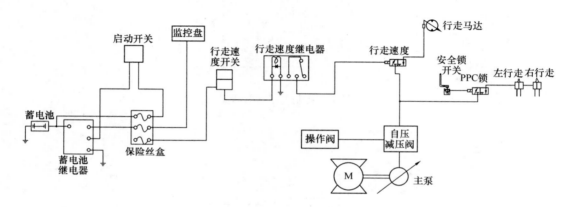

图 2-81　行走控制电路示意图（电动挖掘机为例）

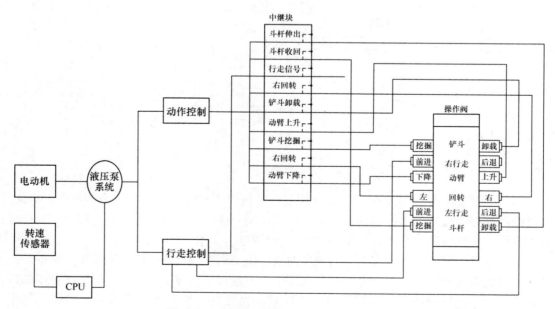

图 2-82　主泵控制系统（电动挖掘机为例）

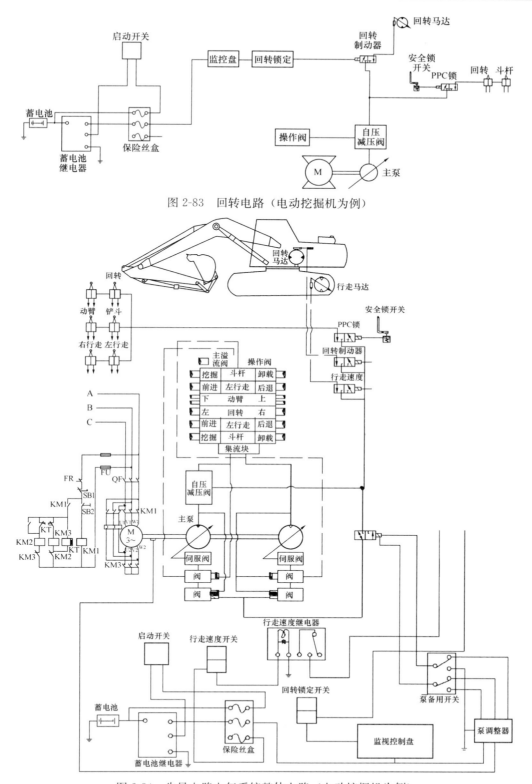

图 2-83　回转电路（电动挖掘机为例）

图 2-84　先导电路电气系统整体电路（电动挖掘机为例）

第三章 安 全 素 养

第一节 遵 守 规 则

一、操作人员守则

（一）上机操作常规

（1）操作人员必须经专业技术培训考核合格，业主录用并经综合培训和主管授权后方可上车独立操作。司机应熟知挖掘机的机械原理、保养规则、安全操作规程，并要按规定严格执行。

（2）严禁酒后或身体有不适应症、职业健康条件不足、从业准入要件不全时进行操作。

（3）操作人员在操作或检修之前必须穿戴紧身合适的工作服、安全帽、工作皮鞋等相关的安全防护用品（如：防护耳塞、手套、防护眼镜、安全带等）。

（4）操作人员只遵守主管指令和指挥员统一作业指挥信号，有权拒绝危险作业、非授权作业、与施工方案工作内容无关的机械动作操控及其他非职责内容、非安全的动作或作业配合等。

（二）六项安全常规

（1）操作人员在操作该机械前，确保已经熟悉并理解了挖掘机上标志和标牌的内容和含义。

（2）操作时无关人员应远离工作区域，不要改造和拆除机械的任何零件（除非有维修需要）。

（3）操作人员绝不可以服用麻醉类药物或酒精，这样会降低或影响身体的灵敏度和协调性；服用处方或非处方药物的操作人员是否能够安全操作机器，需要有医生的建议。

（4）为了保护操作人员和周围的人员安全，机械应装备落物保护装置、前挡、护板等安全设备，保证每个设备均固定到位且处于良好的工作状态。

（5）取土、卸土不得有障碍物，装车作业时应待运输车辆停稳后进行，严禁铲斗从汽车驾驶室顶上越过，运土汽车车厢内不得有人，卸土时铲斗应尽量放低，但不得撞击运土汽车任何部位。

（6）驾驶司机离开操作位置，不论时间长短，必须将铲斗落地并关闭发动机。

二、设备保护守则

（1）不允许通过不正确的操作或改动机器结构来改变机器原有的工作参数。

（2）作业时，必须待机身停稳后再挖土，铲斗未离开作业面时，不得做回转行走等动作，机身回转或铲斗承载时不得起落吊臂。

（3）行走时臂杆应与履带平行，并制动回转机构，铲斗离地面宜为 1m。行走坡度不得超过机械允许最大坡度，下坡用慢速行驶，严禁空挡滑行。转弯不应过急，通过松软地时应进行铺垫加固。

第二节 遵 守 流 程

一、遵守上机程序与安全检查流程

（一）了解挖掘机、动作规则、安全防护规程，了解挖掘机性能和规格。

1. 了解规则

（1）不要在机械上载人。

（2）了解机械的性能和操作特点。

（3）操作机械时不要让无关人员靠近，不要改造和拆除机械的任何零件（除非为了维修需要）。

（4）让旁观者或无关人员远离工作区域。

（5）无论何时离开机械，一定要把铲斗或其他附件放到地上，关闭液压锁定手柄，关闭发动机，通过操纵手柄释放残余液压压力，然后取下钥匙。

2. 了解机械

（1）操作机械之前，先阅读操作手册、安全手册（图 3-1）。

图 3-1　养成安全手册随身阅读习惯

（2）能够操作机械上所有的设备：了解所有控制系统、仪表和指示灯的作用；了解额定装载量、速度范围、刹车和转向特性、转弯半径和操作空间高度；记住雨、雪、冰、碎石和软土面等会改变机械的工作能力。

（3）准备启动机械之前请再一次阅读并理解制造商的操作手册。如果机械装备了专用的工作装置，请在使用前阅读制造商提供的工作装置的使用手册和安全手册。

（二）了解作业防护与劳动保护

（1）穿戴好工作条件所要求的工作服并配备安全用品，如图 3-2 所示。

（2）佩戴好所需要的装备和雇主、公用设施管理部门或政府

图 3-2　穿戴工作服并配备安全用品

以及法规所要求的其他安全设备，不要碰运气，增加不必要的危险。

（3）在作业现场任何时间（包括思考问题时）都要戴上安全帽，遵守安全规程。

（4）知道在哪里能够得到援助，了解怎样使用急救箱和灭火器或灭火系统。

（5）认真学习安全培训课程，没有经过培训请不要操作设备。

（6）操作失误是由许多因素引起的，如：粗心、疲劳、超负荷工作、分神等，操作人员绝不可以服用麻醉类药物或酒精，机械的损坏能够在短期内修复，可是人身伤亡造成的伤害是长久的。

（7）为了安全的操作机械，操作员必须是有资格的、得到批准的。有资格是指必须懂得由制造商提供的书面说明，经过培训，实际操作过机器并了解安全法规。

（8）大多数机械的供应商都有关于设备的操作和保养的规则。在一个新地点开始工作之前，向领导或安全协调员询问应该遵循哪些规则，并同他们一起检查机器，保持警惕，避免事故的发生。

（三）了解工地交通规则

保障挖掘机自身安全装置处于良好的工作状态理解标志，喇叭、口哨、警报、铃声信号的含义。知道转向灯光、转弯信号、闪光信号和喇叭的使用。

1. 为了安全操作做如下准备：

为了保护操作员和周围的人，机械可以装备下列安全设备，应保证每个设备均固定到位且处于良好的工作状态：

——落物保护装置；

——前挡；

——灯；

——安全标志；

——喇叭；

——护板；

——行走警报；

——后视镜；

——灭火器；

——急救箱；

——雨刷。

2. 确保以上所有装置的良好工作状态，且禁止取下或断开任何安全的装置，遵守其安全操作规则（图3-3）。

（四）了解设备工作性能状态

在开始工作之前，应检查机械，使所有系统处在良好的操作状态下。纠正所有遗漏和错误后，再操作机械，如图3-4所示。要详细了解设备工作性能状态，务必遵守设备检查的正确程序。

——检查是否存在断裂、丢失、松动或损坏的零件，进行必要的修理。

——检查轮胎上的缺口、磨损、膨胀程度和正确的轮胎压力。更换极度磨损或损坏的轮胎。

——检查履带上是否有断裂或破损的销轴或履带板。

警　告

不要擅自取下落物保护装置和前挡（机械维修除外）！

正确

图 3-3　注意遵守安全操作规则

——检查停车和回转制动器是否正常工作。

——检查冷却系统。

（五）熟悉工作场地

重点了解以下情况：

——斜坡的位置；

——敞开的沟渠；

——落物或倾翻的可能；

——土质情况（松软还是坚硬）；

——水坑和沼泽地；

——大块石头和突起；

——是否有掩埋的地基、底脚或墙的痕迹；

——是否有掩埋的垃圾或废渣；

——拖运路况是否有坑、障碍物、泥或水；

——交通路况；

——浓烟、尘土、雾；

警　告

必须让散热器先冷却，才可检查冷却液液位！

正确

图 3-4　遵守设备检查正确程序

——任何埋于地下和架在上空的电线、煤气、水管道或线路。如果必要的话，在开始工作之前，请这些设施公司标明，关闭或者重新安置这些管道或线路。

二、遵守制造商告知和机械操控流程

（一）注意作业前的检查

在每天或每班启动机械前，应对机械进行检查，确保没有安全隐患和故障隐患，确保机械顺利作业。

（二）安全的上下机械

在上下机器时，始终使用机械上的扶手和脚踏板、保持身体和机械的三点接触，即：两手抓紧扶手，一脚踩踏板；或一手抓牢扶手，两脚踩踏板。为确保安全，绝对禁止跳上跳下机器。如图 3-5 所示。

（三）座椅调整

为保证安全作业，操作人员应先调座椅的舒适位置。座椅应该调整至当操作人员背靠在椅背时，仍能将行走踏板踩到底，并正确地操作各操纵杆，如图3-6所示。

图3-5　安全地上下机器　　　　图3-6　正确调整座椅

（四）系好安全带

操作人员在操作机械前务必系好安全带（图3-7），并应检查安全带及其相关部件是否损伤或磨损，以确保其能确实发挥作用。一般情况下，如无意外，请每三年更换1次。

（五）只在操作席上操作机械

操作人员不允许站在地上或站在履带板上操作机械。

（六）避免搭载成员

挖掘机的驾驶室内只配备了一个座椅，只允许操作人员一人进行操作。不得搭载其他人员造成伤害事故（图3-8），同时，无关成员也会阻挡操作人员视线，导致不安全操作。

对于教学型等特殊用途的定制型挖掘机，因其专门设计有教练指导席，故应遵守其使用说明书及安全告知等特殊规定。因其挖掘机学员为不熟悉设备和安全作业操作的特殊群体，故教学培训机构和教练员、实训场所安全员等应严格按照教学实操安全要求，落实防护、现场警戒、提醒、教练具体指导机等所有安全告知事项。

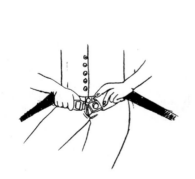 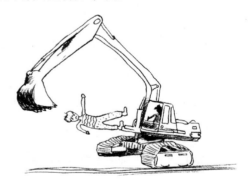

图3-7　系好安全带　　　　图3-8　避免搭载乘员

第三节　标识标志与危险源识别

一、机械自身各部位安全标志和标牌

在挖掘机上有若干特定的安全标志。在操作该机械前，确保已经熟悉并理解了这些标

志和标牌的内容和含义。例如：位于驾驶室内或其他部位的安全标志。

警　告	警　告
应知道机械的最大高度和伸展范围。如果机械或附件与作业环境周围的高压电源线没有保持一个安全距离，会发生触电并造成严重的伤亡事故。一般情况下应和高压电源线保持 3m 的距离。	在您阅读和理解《操作和保养手册》中的说明和警告之前，不准操作本机械或在机械上工作。不遵照说明去做或忽视警告会造成人身伤亡事故。如不清楚，应与各个厂家和代理咨询。

图 3-9　"注意安全"标记

机械上的各种标识一般都是由各种表示危害程度的词汇，如："危险"、"警告"、"注意"，并与"注意安全"的标记（图 3-9）一起使用。

（一）危险标识

"危险标识"是指有直接危险的情况，如不进行避免，所发生的后果将导致死亡或严重伤害，"危险标识"被设置在特定危害处附近，即有严重危险的场合（图 3-10）。

酸性蓄电池的电解液为纯净硫酸和蒸馏水按一定比例配制而成的溶液，而硫酸是一种无机腐蚀性物品，具有很强的氧化性，与可燃物质如木屑、纸张、棉布等接触，都能氧化自燃而起火。因此，对于蓄电池的使用和存放都有一定的要求，如果管理或使用不当都将可能造成严重事故。

标识内容

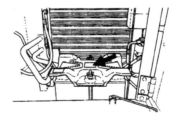

标识位置

图 3-10　危险标识——蓄电池

（二）警告标识

"警告标识"是指有潜在危险的情况，如不进行避免，所产生的后果可能导致死亡或严重伤害。

"警告标识"也被设置在特定危害处附近，但其危险程度要比"危险标识"低。

（1）如果不避免警告标识所提示的项目，有潜在的危害，即可能被动臂压伤（图3-11）。

（2）在调整履带张紧度时，如果不避免警告标识所提示的项目，可能会造成严重伤害（图3-12）。

（三）注意标识

"注意标识"是指由潜在危险的情况，如不进行避免，其潜在危险后果是可能导致轻

标识内容　　　　　　　　　　　　　　标识位置

图 3-11　警告标识——防止被动臂压伤

标识内容　　　　　　　　　　　　　　标识位置

图 3-12　警告标识——调整履带张紧度

度或中度受伤。"注意标识"也被设置于提示"提防可能因不安全操作而导致人身伤害"的场所。

1. 如果前窗掉落，可能造成伤害（图 3-13）。

标识内容　　　　　　　　　　　　　　标识位置

图 3-13　注意标识——前窗掉落

2. 检测或检查液压油或液压系统时，防止烫伤和注意释放系统压力（图 3-14）。

　　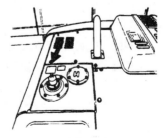

标识内容　　　　　　　　　　　　　　标识位置

图 3-14　注意标识——检查液压油和液压系统

3. 作业前或作业后的注意事项（图 3-15）

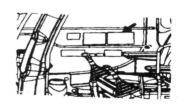

标识内容　　　　　　　　　　　　　　标识位置

图 3-15　注意标识——作业前后注意事项

4. 打开发动机散热器盖时，防止高温烫伤（图 3-16）。

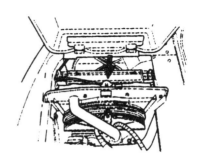

图 3-16　注意标识——打开发动机散热器盖

（四）避免标识

"避免标识"是指有潜在危险的情况，如不进行避免。其潜在危险后果是可能导致受伤。

"避免标识"也被设置存在在可能受伤的场所。

1. 避免撞伤事故（图 3-17）

表示：有可能被机械的工作装置撞到，需保持一定的安全距离。

2. 避免跌落事故（图 3-18）

表示：有可能会从机械上跌落，不要站于此处。

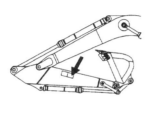

标识内容　　　　　　标识位置　　　　　　　标识内容　　　　　　标识位置

图 3-17　避免标识——避免撞伤事故　　　图 3-18　避免标识——避免跌落事故

3. 避免跌落事故（图3-19）

表示：有可能会从机械上跌落，不要站于此处，需保持一定的安全距离。

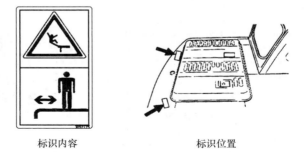

标识内容　　　　　　　　　　　　　标识位置

图 3-19　避免标识——避免跌落事故

4. 避免夹伤事故（图3-20）

表示：在机械旋转时，身体有可能会被上部回转体夹到，不要站在旋转范围内，需保持一定的安全距离。

标识内容　　　　　　　　　　　　　标识位置

图 3-20　避免标识——避免夹伤事故

5. 避免卷入事故（图3-21）

表示：有可能会被扇叶或皮带等旋转部分卷入而受伤，在进行检查或保养时，要完全地停止运动。

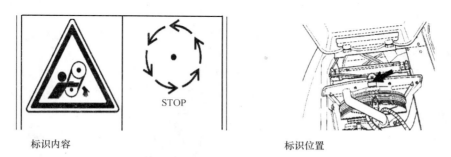

标识内容　　　　　　　　　　　　　标识位置

图 3-21　避免标识——避免卷入事故

6. 安全逃生（图3-22）

遭遇紧急情况，如机械发生火灾或倾翻时，如果时间允许请关掉发动机，然后从车门逃生，或使用驾驶室内的逃生锤击碎玻璃后逃生，千万不要在机械倾翻的同时紧急跳车，

图 3-22 安全逃生

以免发生不必要的人身伤亡事故。

二、施工作业现场常见标志标识

详见附录一,并参见行业标准《建筑工程施工现场标志设置技术规程》JGJ 348—2014,同时遇到特殊工程、特殊作业场所,应注意了解遵守其现场消防安全类标识的规定。

三、危险源认知与常规应对

(1)挖掘机工作时,应停放在坚实、平坦的地面上,轮胎式挖掘机应把支腿顶好。

(2)在挖掘前,应明确煤气管、水管和电缆的具体位置,挖掘前,把地下公用设施标记出来。

(3)挖掘机工作时应当处于水平位置,并将走行机构刹住。若地面泥泞、松软和有沉陷危险时,应用枕木或木板垫妥。

(4)使用挖掘机拆除构筑物时,操作人员应分析构筑物倒塌方向,在挖掘机驾驶室与被拆除构筑物之间留有构筑物倒塌的空间。

(5)作业结束后,应将挖掘机开到安全地带,落下铲斗制动好回转机构,操纵杆放在空挡位置。

第四节 作业指挥与常见手势

挖掘机主要从事的是土石方作业,常常存在一个工地中有多台机器同时施工,或是在一些较为复杂的工况下作业,在这些情况下,需要指定信号员来协同作业。作为操作人员,就必须明确指挥信号,并且服从信号员的指挥。

一、安全从正确上下机械、识别运用作业指挥手势信号开始(图 3-23)

(一)当登上或离开机械的时候,要绝对做到:保持三点接触牢靠("三点"指两手一脚)

——要始终面对机械;

——在机械开动时,绝不要上下机械;

——在你登上或离开驾驶室的时候,驾驶室必须和行走装置处于平行状态。

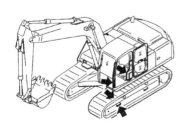 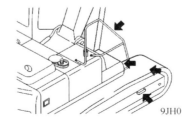 

图 3-23 上下车保持三点接触牢靠

（二）掌握并正确识读使用行走指挥手势信号（图 3-24）

安全——将手掌朝向前进方向，前后摆动。

向左进——将手掌朝向左方，横向摆动。

向右进——将手掌朝向右方，横向摆动。

紧急停止——将两手向上张开、高举，激烈地左右大摆动。

停止——将手掌朝向驾驶员，举起不动。

向右稍（慢）靠——将右手举起不动，小摆动左手。

稍微（慢慢）前进——将左掌向驾驶员举起不动，将右手掌朝向前进方向，前后摆动。

慢慢或销微靠一边——将一只手向前进方向举起不动，用另一只手小摆动来表示靠近动作。

图 3-24　行走指挥手势

（三）掌握并正确识读位置动作指示手势信号（图 3-25）

呼叫——单手举高。

上升——单手高举、转圈或手臂水平伸直，掌心向上摆动。

下降——手臂水平伸直，掌心向下摆动。

位置指示——用指头指示出尽可能近的位置。

微动——用小指或食指指挥。其动作与上升、下降、水平移动的信号一致。

翻转——两手臂水平伸直，朝向翻转方向转动。

水平移动——手臂水平伸直，掌心向移动方向多次摆动。（含行走、横行、回转）

图 3-25　位置动作指示手势

第五节　防　火

一、使用和保养中的防火技术要求

（1）挖掘机在工作中，应携带规定的消防器材，以便失火时自救。

（2）运输危险品要严格遵守规章制度。

（3）加油时严禁明火照明（图3-26）。

凡在夜晚或天色暗淡视线不佳情况下，无论加油或停车修理，均不能用明火照明，以免引起火灾。

图3-26 加油时严禁烟火

（一）预防蓄电池爆炸伤人

蓄电池在使用中也会发生爆炸事故，故也应引起重视。一般情况下，蓄电池爆炸有两种原因：

（1）通气孔阻塞。在行走或充电时，由于化学反应，气体膨胀缘故，有时会使蓄电池外壳爆炸，致使硫酸电溶液四处飞溅伤人。

（2）在运行充电过程中，温度上升。在蓄电池化学反应中，大电流充放电，水被分解为氢气和氧气。这些气体积累到一定程度，稍遇火花星，就会爆炸伤人。

为了预防爆炸，必须做到以下几点：

（1）经常检查，保持蓄电池通气孔畅通无阻，电解液面应高出极板10～15mm。缺液时会使极板硫化，蓄电池早期损坏；多液时会使硫酸溶液外溢，污染电桩接头，造成电流短路。

（2）经常清理电柱接头，清洁蓄电池表面。发现有绿色氧化物不易清洗时，可旋紧加液孔盖，塞好通气孔后，用热水冲洗干净，再疏通通气孔，在电桩上涂抹黄油。

（3）不要随便在蓄电池电桩上刮火。

（二）焊补油箱油桶防爆炸

油箱或油桶在焊补时爆炸，主要是施焊火点燃了残存的混合气所致。为了防止此类事故发生，施焊前，应在渗漏处划上记号，放尽燃料，把油箱或油桶放在通风处，时间最短不得少于1天；然后在油箱或油桶内加注一半清水或碱水，剧烈地摇晃，借此去除油垢；再换水2～4次，每次加至水溢出为止，以便驱除油箱或油桶中的汽油蒸气，直至嗅不出燃料气味，再进行焊补，施焊时，要将油箱口敞开。

（三）定期更换橡胶软管

因老化、疲劳和磨损，含有可燃液体的橡胶软管在压力下可能会破裂。若不定期更换，则有导致火灾、液体溅射到皮肤上及前端附件落下等危险。这些都可能导致重大的人身伤亡事故。

（四）清洗部件防火花星

在用易燃、易爆物品清洗零部件时，严禁吸烟和其他烟火。在清洗发动机时，如果电瓶线路未切断，在刷洗过程中，金属刷子或金属工具碰着马达火线便产生火花星，火花星落入燃料盒内点燃油蒸气即发生火灾。

图3-27 保养时，严禁使用灯泡照明

（五）使用电筒防爆裂

保养时，不准使用灯泡进行照明，以防灯泡爆裂引起失火，应使用电筒照明（图3-27）。

（六）废油用后禁乱倒

在维修、清洗后的废油，不能随地乱倒或倒入下水道内，以免失火和引起爆炸。

（七）电动挖掘机使用过程中要注意安全用电，遵守使用规定和人员防护绝缘规定，防止电气着火。

二、灭火措施

一切灭火措施，都是为了破坏已经产生的燃烧条件。主要是：

（1）控制可燃物，即减少造成燃烧的物质基础，缩小物质燃烧的范围。

（2）隔绝空气（助燃物），主要是防止构成燃烧的助燃条件。

（3）消除着火源，主要是消除激发燃烧的热源。

灭火方法：

（1）隔离法——迅速将燃烧物转移到安全地方，断绝能燃烧或助燃物质进入火场，拦阻燃烧液体泛滥流淌。

（2）冷却法——用水或二氧化碳灭火机直接浇喷在燃烧物上，降低温度使火熄灭。

（3）窒息法——用非燃烧火难燃烧的物质直接覆盖在燃烧物的表面上，隔绝空气使燃烧停止。

三、常用灭火器材及使用

挖掘机用的灭火器有干粉、二氧化碳等灭火器。其性能、特点、使用方法和适用范围简介如下：

（一）干粉灭火器

干粉灭火器是以高压二氧化碳气体为动力，喷射于干粉灭火剂的灭火器械。适用于扑救石油及其产品、可燃气体和电器设备的初起火灾。MF型手提式干粉灭火器，按照二氧化碳钢瓶的安装方式，又有外装式和内装式之分。

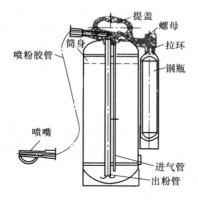

图 3-28 干粉灭火器

1. 构造如图 3-28 所示，灭火器筒身外部悬挂充有高压二氧化碳的钢瓶，钢瓶外部打有标志钢瓶皮重的钢字。钢瓶与筒身由提盖上的螺母进行连接，在钢瓶头阀中有一穿针。当打开保险销，在拉动拉环时，穿针即刺穿钢瓶口的密封膜，使钢瓶内高压二氧化碳气体沿气管进入管内。筒内装有干粉，并有一出粉管，在喷嘴口还安装一道防潮堵。干粉在二氧化碳气体的作用下，能沿出粉管经喷管喷出。

2. 规格性能（表 3-1）

手提式干粉灭火技术性能 表 3-1

型号	装粉量（kg）	喷粉时间（常温下）(S)	喷射距离（m）	灭火参考面积（m²）	二氧化碳充气量（g）	绝缘性（万伏）
MF1	1	≤8	≥2	0.8	25	1
MF2	2	≤11	3～4	1.2	50	1
MF3	4	≤14	4～5	1.8	100	1
MF4	8	≤20	≥5	2.5	200	1

3. 使用方法打开保险销，把喷管对准火源，拉动拉环，干粉即喷出灭火。

（二）二氧化碳灭火器

二氧化碳型主要适用于扑救贵重设备，档案资料、仪器仪表，600V 以下的电器及油脂等火灾。手提式的二氧化碳灭火器分为 MT 型手轮式和 MTZ 型鸭嘴式两种。

1. 构造如图 3-29 所示

（1）筒身（钢瓶）、采用无缝钢制成，制成后要经 22.5MPa 水压试验。筒身外壁打有：容量、工作压力、试验压力、钢瓶类型、钢瓶重量、编号、出厂日期等钢字。

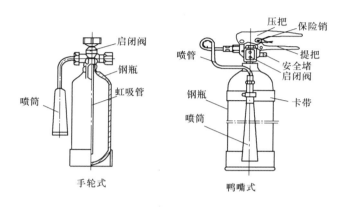

图 3-29 二氧化碳灭火器

（2）启闭阀、采用铸铜制造，须经 15MPa 气压检验其密封性、下部有一根虹吸管通入筒底，距筒底 3～4cm 处的管端切成 30°在启闭阀旁的安全阀上装有安全膜，当温度超过 50℃ 或压力超过 18MPa 时会自行破裂放出二氧化碳。

（3）喷筒、与启闭阀用铜连接；喷筒则采用软质耐低温橡胶。

2. 规格性能（表 3-2）

二氧化碳灭火器技术性能 表 3-2

型 号		二氧化碳罐装量（kg）	罐装系数（kg/L）	喷射时间（s）	射程（m）	二氧化碳纯度（%）	外形尺寸长×宽×高（mm）
新	旧						
MT2	MT12	1.85～2.1	0.72	≤20	1.2～1.4	≥96	102×180×565
MT3	MT13	2.85～3.1	0.72	≤30	1.80～2	≥96	114×180×650

3. 使用方法

手轮式灭火器使用时先将铅封去掉，手提提把，翘起喷筒。再将手轮按逆时针方向旋转开启，瓶内高压气体即自动喷出。注意切勿逆风使用，使用时当心手冻伤。

鸭嘴式灭火器使用时，应先拔去保险销，一手持喷筒，另一手压紧压把，气体即自动喷出。不用时将手放松，阀门即自行关闭。

四、火灾发生时的自救措施

由于一些人为的因素（如麻痹大意、吸烟、坏人放火等），以及自然灾害（如雷击、地震等）和其他意外原因，火灾的危险是随时可能发生的。作业现场或设备自身及周边发生了火灾怎么办？这是挖掘机操作人员应该了解和掌握的。

失火时，操作人员一定要沉着冷静，积极自救。一般可采取以下措施（图3-30）：

（1）如挖掘机在危险区域着火（如人员密集区，加油站等），应设法立即让挖掘机驶出危险区。如不在危险区，一般不应起动，因为发动机风扇所产生的气流会加快燃烧。

（2）一般情况下失火，操作员应立即切断油路，关闭油箱开关或取走机器上的燃油，关闭点火开关，防止电流助长火势。操作员自己要立即设法脱离驾驶室，因驾驶室内都是易燃品。如果门打不开，可利用逃生锤或其他自备的逃生设备击碎玻璃脱身。如果身体已着火，要用身体猛压（就地打滚），要保护好暴露的皮肤，不要张嘴呼吸和高声

图3-30 安全逃生

喊叫，以防咽部灼伤。燃油着火不要用水浇或拍打的方法灭火，只能用沙、土压或棉篷布蒙盖使其隔绝空气而熄灭。

（3）当有爆炸危险时，应及时离开危险区，或就地卧倒。尽量选择爆炸物飞不进的死角躲避，如凹地、屋角、土坡背面等，不要使身体暴露在危险的空间中，以免遭到伤害。

（4）抢救的同时勿忘报警，一旦发生火灾，要沉着、冷静、迅速抢救的同时，立即拨打"119"电话向消防部门报警。"报警越早，损失越少"。报警时，要详细说明起火的地点（道路街道名、靠近的交叉路口、门牌号码），单位名称及本单位电话号码，着火的是一般物品还是危险品等基本信息。报警后，要派人到马路上等待消防车到达现场，并主动向消防队介绍火场及火源情况。

第四章　施工作业与设备操作

第一节　落实作业条件

一、踏勘环境条件

机器进场前，应对作业环境作充分的调查，以确认是否适合挖掘机的工作。对于不合格的场地应予以整改或加固，在存在安全隐患的情况下，绝对不允许进场施工。

确认时应从以下几个方面开始：

（一）进场的道路

按照道路的长短、路况确定进场的方式。若道路较长，或路况较崎岖、不平，不适合某些挖掘机行驶（如轮式机或橡胶履带挖掘机），则必须采取平板车运输的方式。

（二）地形

挖掘机的接地比压大概是 $0.3kg/cm^2$，对场地的坚实度、平整度有一定的要求。松软、泥泞的土地应考虑加铺钢板或路基箱。在回填土上施工时，应意识到回填土是较为松软的，需充分考虑它的坚实度。在河边施工时，需确认河堤的稳固性，避免机器侧翻。对松软地面应垫以枕木或垫板。沼泽地区作业应先做路基处理，或更换湿地专用履带板。挖掘机在多石土壤或冻土地带工作时，应先进行爆破再进行挖掘。作业场地不符合要求，必须予以加固，不可存在侥幸心理。若工作环境中存在斜坡，应避免在斜坡上的作业或转向。

（三）地下环境

事先确认工作场地地下电缆、气液体管道、水管等设施的种类、位置，走向，埋向、高程以及危害程度等，做出明显的标志，以防止误挖发生事故，挖掘前应了解国家或当地的法律法规，制定合理的施工计划。

（四）挖掘机工作场地

工作场地应保证挖掘机能够完成基本作业。挖掘机工作时需要做大量的回转作业，确认工作场地时应充分考虑到挖掘机的回转半径，在回转时不应威胁到机器或他人安全。若进行装车作业，还应考虑自卸车的停放和进出。入场地内应保证无高空障碍物的干扰，在提升作业时不会碰及动臂或斗杆。尤其应考虑高压电线的存在，挖掘机须和高压电线保持一定的距离才会保障安全。安全距离根据电压值的不同而有所差别，请参考表 4-1（此表中的数值仅供参考，具体请参见各生产厂家的操作人员手册）。

与高压电的水平安全距离　　　　　　　　　　　　　　　　表 4-1

输入线路电压（kV）	1以下	1～35	60	110	154	220	330	N
允许与输电线路的最近距离（m）	1.5	3	3.1	3.6	4.1	4.7	5.3	$0.01×（N-50）+3$

（五）工作场地的环境

事先确认工作环境是否属于潮湿、易腐蚀或多粉尘环境，以便于做好相应对策。潮湿环境应注意防止金属部件的腐蚀；多粉尘环境应经常清扫和更换空气滤清器。发动机所排放的烟气易渗入驾驶室或狭小工作空间内会导致驾驶员生病或死亡。如果必须在建筑物内工作时，应确保空气充分流通。在操作机器时，工作场地机器作业范围内无障碍物和无关人员。

二、落实人员条件、防护用品器具

操作及维修人员的岗位能力要求：

（1）持有作业岗位培训合格证书，接受过设备制造商或专业教育机构专业培训并已被证明具备操作能力的人，经过雇主主管授权才能操作挖掘机；

（2）操作人员在操作或检修之前必须穿戴紧身合适的工作服、安全帽、工作皮鞋等相关的安全防护用品（如：防护耳塞、手套、防护眼镜、安全带等）；

（3）操作人员的头发如果太长，请将头发扎起，并用安全帽盖起来，以防头发被机械缠住；

（4）用户必须配置急救药品于机械内，并进行定期检查，必要时添加药品，以便急需时使用；

（5）操作或检修之前务必检查所有防护用品功能是否正常；

（6）只有专业技术人员和售后服务人员才能检查、维修、保养挖掘机。

三、检查机器状态，保持工作性能

（一）机械是否处于保养或维修中

起动前，操作人员首先查看挖掘机上是否挂有"禁止操作"的警告标识牌（图 4-1）。该标识牌通常挂于操作手柄上，表示机器处于维修或保养状态中。

图 4-1 警告标识牌

（二）机器保养履历确认

起动前，驾驶员必须了解机器的保养履历，如不详，则应立即向机器管理人员咨询或查阅，以避免保养不及时。

（三）机器现状与工作性能保持

按要求检查机器状态，确保工作装置、油缸、胶管是无损坏；发动机、散热器、蓄电池周围无灰尘和易燃杂物；液压装置、油箱、胶管、接头无漏油；下车架各部件（履带、驱动轮、导向轮等）无损坏，螺栓无松动；下车架与上车平台螺栓连接无松动；各仪表、监控仪应无损坏；冷却液液位、燃油油位、液压油油位、发动机机油油位正常。确认安全锁定手柄处于锁定位置，以防止起动时意外碰到操纵杆，引起工作装置骤然动作，引起事故。

检查结构件、工作装置以及连接部位有无有裂纹、过度磨损或游隙，如果发现异常，要马上更换修理；检查窗玻璃、后视镜视野，并清洗调整；检查其他辅助设备的状况，如灯光，喇叭，安全带等确保其正常工作。寒冷天气时需要检查冷却液、燃油、液压油、蓄电池电解液、机油及润滑油是否冻结，如有冻结则要解冻后才能起动发动机。

第二节　设 备 正 确 起 动

一、起动时安全事项

（一）"三不起动"原则

1. 机油油位未检查不起动

发动机机油不足时，会造成机油压力过低，无法满足发动机高速运转机件的润滑要求，会造成机件异常磨损，甚至烧结。

2. 液压油油位未检查不起动

液压油不足时，会引起泵吸空，进而引发泵及液压系统"气蚀现象"。

3. 冷却液液位未检查不起动

冷却液不足时，会造成冷却系统效率下降，运转机件磨损，发动机过热，功率下降。

4. 注意起动步骤和集中注意力

不正确的发动机起动步骤会引起机器失控，导致严重的伤亡事故。只允许在驾驶室座椅上起动发动机，绝对不能在座椅以外起动发动机，不能用短路的方法来起动发动机，这样会导致机器损坏（图4-2）。起动与机器运转时，驾驶员不要听收音机、录音机、随身听或移动电话等，避免注意力分散。

图 4-2　禁止用短路方法起动发动机

（二）设备检查起动程序

（1）环绕机器检查，确认设备正常后，上机并坐在驾驶员的座位上，调整座椅，使你能够正常操作所有控制手柄。

（2）确认先导锁杆处于 LOCK（锁定）位置（图4-3）。确认所以操纵杆和踏板都处于中位。

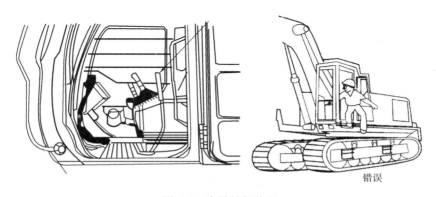

错误

图 4-3　先导锁杆位置

（3）在空气畅通的安全区域内遵循操作手册启动发动机。

（4）指示灯灯泡检查：当钥匙开关转至 ON 位置后，所有指示灯灯泡都将点亮。如发现灯泡未亮，应该立即检查。否则，当机器在工作过程中出现异常，指示灯将无法正确报警。

（5）液位检查与仪表盘检查

钥匙开关转至 ON 位置约数秒钟后，除充电指示灯和机油压力灯继续点亮，其余的指示灯液压油或燃油都应熄灭（图 4-4）。若液位指示灯仍然点亮，应立即检查，确属液位不足，驾驶员必须立即补充。此液位检查不能代替利用油尺油位计等进行的实际油位检查。发动机控制表盘位于低速位置（图 4-5）。

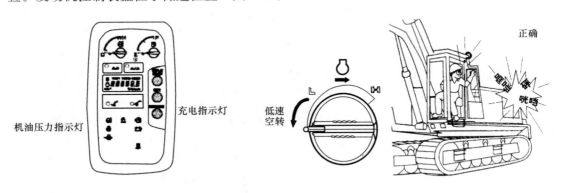

图 4-4　监测仪表盘　　　　　　　　　图 4-5　发动机控制表盘

（6）异常情况检查。注意看或听机器是否有运行不正常的情况。如果发现运转不正常或不稳定，立刻停止并立刻修理或报告问题。

（7）鸣喇叭示意。提醒机器周围人员离开机器工作范围，以防止意外伤害，并确认机器周围没有人后，方可开动机器。

（8）测试操纵手柄，确信发动机正常运转。检查发动机油门控制开关。操纵控制手柄，确信所有功能正常。根据操作手册，检查制动器测试行驶是否正常。检查机器的实际操作方式和贴示驾驶室内的操作方式说明内容是否一致。检查仪表及铲斗、斗杆、动臂、行走系统、回转系统的工作是否正常。检查机器的声音、振动、加热、气味和仪表是否有任何异常。

二、寒冷天气起动

1. 预热

寒冷天气起动机器前，发动机需要被预热。有些型号的机器具有自动预热功能（图 4-6 预热指示灯），而有些型号的机器需要手动操作，应具体参考制造商提供的各机型的操作人员手册。

2. 蓄电池

当环境温度下降时，蓄电池容量也随之下降。若充电比率低，电解液容易冻结。为防止电解液冻结，要保持蓄电池充电比率接近 100%，并使蓄电池与低温隔绝。一旦蓄电池冻结，以下安全事项必须注意，不然将导致爆炸。（图 4-7）

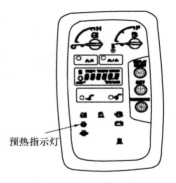

图 4-6　监测仪表盘

74

因此，为防止爆炸，应做到：

（1）不要让火焰接近蓄电池顶部。

（2）不要给冻结的蓄电池充电。

（3）跨接起动须严格地遵守操作规程。

三、跨接起动

当蓄电池电力不足时，机器无法正常起动。这时只能实施跨接起动。跨接起动时，必须由两人同时进行作业，其中驾驶员必须坐在座椅上。另外，机器应该停放在干燥的硬地或混凝土地面上，不能停放在铁板或其他金属体上，以避免产生意外火花，引爆蓄电池。操作过程中，蓄电池的正极和负极，绝对不能接触，否则将导致短路。

（一）电缆连接（图4-8）

（1）停下装有辅助蓄电池的机器。

（2）将红色电缆①的一端接上待起动机器的蓄电池的正极，并将另一端接上辅助蓄电池的正极。

（3）将黑色电缆②的一端接到辅助蓄电池的负极，将黑色电缆②的另一端连接到要被起动的机器结构件上作为地线。

（4）起动装有辅助蓄电池的机器。

图4-7　防止蓄电池爆炸

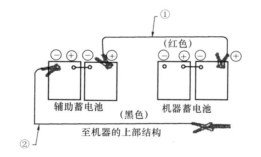

图4-8　连接辅助蓄电池

（5）起动待起动的机器。

（6）机器起动后，按下文所述拆卸电缆①和②。

（二）电缆拆卸

（1）从机器结构件上拆卸黑色电缆②。

（2）从辅助蓄电池上拆卸黑色电缆②的另一端。

（3）从辅助蓄电池上拆卸红色电缆①。

（4）从待起动机器的蓄电池上拆卸红色电缆①。

第三节　安全操作规程

一、履带式挖掘机操作规程

（一）行走操作

履带式液压挖掘机的行走操作是通过操作行走操纵杆或行走踏板两种方式来完成的。

标准的行走位置（图 4-9）：张紧轮在机器的前部，驱动轮在机器的后部。如果驱动轮在机器的前部，行走操纵杆或踏板的控制将起相反作用。行走前一定要核实驱动轮的位置。

行走前，操作人员要确认作业区域内有没有人，有没有任何障碍物。要按喇叭警告作业区域内的人，只能坐在座椅上操作机器。除操作人员外，不允许任何人搭乘机器。要把驾驶室的门或窗锁定在打开或关闭位置上，在有飞落物进入驾驶室危险的工作场地，要检查机器的门、窗是否关闭。

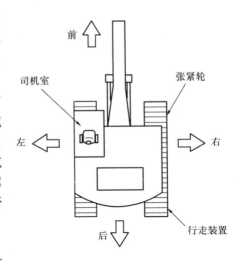

图 4-9　标准的行走位置

1. 前进和后退 （图 4-10）

前进：向前（A）推两个操纵杆或踩下两个踏板的前部（D）。

后退：向后（B）拉两个操纵杆或踩下两个踏板的后部（E）。

无论是前进或是后退，均可以通过行走操纵杆或行走踏板的行程进行行走速度调整。行走前，应进行充分的暖机操作。避免突然把操纵杆从前进转化到后退或从后退转化至前进。

2. 停车

当行走操纵杆或踏板处于中立位置（C）时，行走刹车会自动地刹住机器（图 4-10）。

3. 转向

右转：向前推左操纵杆或踩下左踏板前部。

左转：向前推右操纵杆或踩下右踏板前部。

原地转向：向前推一个操纵杆，同时向后拉另一个操纵杆（图 4-11）。

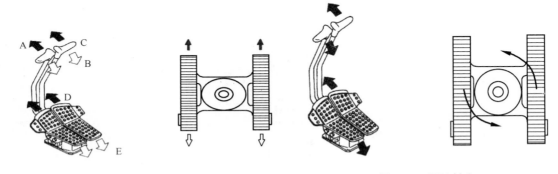

图 4-10　前进和后退　　　　　　　图 4-11　原地转向

进行转向时，机体可能会晃动。在狭窄场所转向时，应边留心周围状况边缓慢操作。

（二）行走高低速度控制

行走速度为 2 速的机器，可通过驾驶室内开关盘上行走速度切换开关（1）（图 4-12）进行高、低速变换。

高速：适合于长距离移动。

低速：适用于现场内的移动，上下陡坡，以及从潮湿地段的撤离。

行走中不要改变行走方式，特别是在下坡时，不要试图将行走速度从低速切换至高速，很危险。在改变行走方式的速度以前，一定要停下机器。

（1）若将行走速度切换开关①推到"⇥"②侧，则为高速状态（若行走负荷加大，行走速度会自动切换至低速状态）。

（2）若将行走速度切换开关①推到"⇤"③侧，则为低速状态。

（3）不要突然转换操纵杆，如前进突然转换成后退。

（三）在松弛地上的操作

应尽量避免在松弛地上的行走，如果必须在松弛地上行走时，应按照如下要领缓慢行走。

在可行走的范围内行走，勿使牵引装置陷入泥土中。

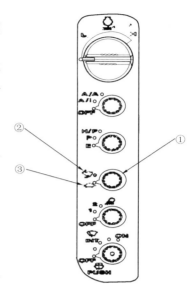

图 4-12　开关盘

无法行走时，应将斗杆伸出，铲斗插入地面，并降下动臂，抬起机器前部，操作斗杆收拉拽机体，以缓慢地脱离松弛地。此种情况下，应同时操作斗杆及行走操纵杆。如果机器陷入泥土中，且下部行走体因塞满泥土或砂砾等而无法行走时，应以降下铲斗并旋转上部回转平台90°的方法来提升一侧履带离开地面，以使两侧履带先后脱离。

如果机器在松软地上工作或被陷住，就可能需要清扫履带架。把动臂和斗杆之间的角度保持在90°～110°以内，并将铲斗的圆弧部放置于地面，撑起机器。前后转动被提升的履带，除掉履带上的泥土。如果机器被陷住但是发动机仍能工作，此种情况下，可以采用拖机器的方法。请参考"2.短距离拖拉机器"。

1. 用动臂和斗杆来提升单侧履带

动臂和斗杆之间的角度保持在90°～110°以内，并将铲斗的圆弧部放置于地面，以旋转上部回转平台90°和降下铲斗的方法来提升一侧履带离开地面（图4-14）。

图 4-13　在软地上行走

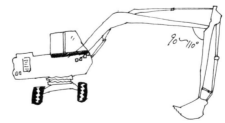

图 4-14　提升单侧履带

2. 短距离拖拉机器

钢缆和绳索有断裂的可能，从而导致严重的伤亡事故。不可使用损坏了的链条、磨损了的钢缆、环钩或绳索来拖拉机器。

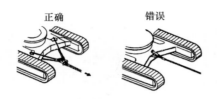

图 4-15 短距离拖拉机器

在处理钢缆或绳索时，必须始终戴着手套。装设缆绳时，必须将其装设于行走架上。为了避免缆绳损伤，务必在角部垫上保护材料。不能用牵引环拖拉机器（图 4-15）。牵引时，要确认绳索周围没有站人。

（四）在水或泥水里的操作

只有当工作地带的地基强度可以避免机器的下沉超过托链轮的上部边缘时，才可以让机器在低于托链轮上部边缘的水中操作。在这种环境下操作时，要经常检查机器的位置，如果需要，可重新调整机器的位置。在河床平坦、水流缓慢的水中行走时，容许水深（A）应在托链轮的上部边缘（图 4-16）。当河床不平坦且水流急的水中行走时，应充分注意，避免浸没回转支承、旋转齿轮和中央回转接头。如果回转支承、旋转齿轮和中央回转接头被淹没，应移开排放塞来排除泥水和水，清扫旋转区域。装上塞子，润滑旋转内啮合齿轮和回转支承，或与最近的维修工厂联系。

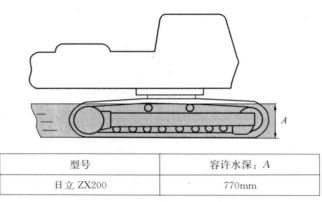

型号	容许水深：A
日立 ZX200	770mm

图 4-16 在泥水里行走

（五）在斜坡上行走

在斜坡上的行走很危险。必须系好安全带并应降低行走速度，且不要突然地操作转向，以防止机器倾翻和侧滑。绝对不要用铲斗装着物料或吊着物体在斜坡上行走。绝对不要试图上下坡度大于 30°斜坡。履带式挖掘机爬坡能力不小于 40％（约 22°）（上下坡前，应确认路面状况和车身方向，尽量直行）。

1. 在斜坡上行走时，应使铲斗保持在离地 200～300mm（A）的高度（图 4-17、图 4-18）。当机体打滑或失稳时，应立即降下铲斗并停止行走。

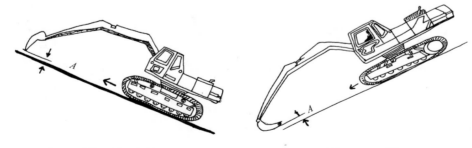

图 4-17 上坡　　　　　　　　　　　图 4-18 下坡

2. 在斜坡上横向形式或转向可能引起机器打滑或翻倒。如果必须改变方向，应先把机器行驶到平地上，然后改变方向，以确保操作安全（图4-19）。

3. 避免在斜坡上旋转上部回转平台。严禁在斜坡上向下坡方向回转，否则有倾翻的危险。即使是向上坡方向回转，也应以低速缓慢地进行回转及动臂操作。

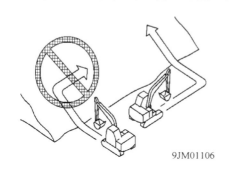

9JM01106

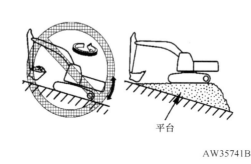

平台

AW35741B

图4-19　斜坡上转向

4. 如果发动机在斜坡上熄火时，不要回转操作，应立即将铲斗降至地面，把各种操纵杆回到中立位置，然后重新起动发动机。

5. 当液压油预热不充分时，则无法获得足够的爬坡能力。在上坡前应充分进行暖机操作。

6. 在粗糙的地面上或陡坡上行走时，要关闭自动加速或自动怠速开关（如果装有），以防止行走速度突然改变。

7. 以高速下坡时，刹车时间将会延长。下坡时，应将行走速度切换开关推至图4-12（3）"⟵⟶"侧，以切换至低速状态。行走时应使用低怠速。

8. 要以低速在草地、落叶地面或湿钢板上行走，因为即使在很小坡度的情况下，机器也有打滑的危险。

9. 下坡时，驱动轮一侧在前面。如果机器下坡时，驱动轮一侧在后面，履带往往会松弛，造成跳齿。此时机器的位置与标准的行走位置相反，请务必注意安全行驶。

在斜坡上停放机器

在斜坡上停放机器是很危险的。因此，应避免在斜坡上停放机器。如果必须在斜坡上停放机器时（图4-20），应采取以下措施：

1. 把铲斗斗齿插入地面。

2. 把各操纵杆回到中立位置，并把先导锁杆拉回到锁定位置。

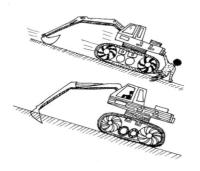

图4-20　斜坡上停放机器

3. 用挡块顶住两侧履带。

二、轮胎式挖掘机操作规程

（一）行走操作

轮胎式液压挖掘机的行走操作是通过操作方向盘及行走踏板来完成的（图4-21）。

1. 行走位置

标准的行走位置：前桥在机器的前部，后桥在机器的后部，驾驶室在前桥侧。在上部结构被旋转180°后，行走和转向操纵方向被颠倒，在行驶中要格外小心，须先确认机器的正确行进方向。

在快速行走时或在不平地带上行走时，务必用双手握住方向盘1。如果在行走期间发动机熄火，方向盘1的操作会因转向装置的失灵而变得很重，此时，应立即重新起动发动机。手柄2位于方向盘1上，在单手转向或急转时，可使用手柄2。按下转向控制台左侧上的喇叭开关3可鸣响喇叭。

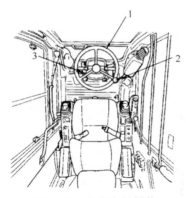

图4-21 方向盘的操作

2. 前进/后退行走踏板

使用前进/后退行走踏板4可以控制行走速度（图4-22）。在快速行走时，如前进/后退行走踏板4急速放开，就会听到液压制动器发出很大的噪声，另外，发动机速度也不能立即降下来。快速降速是很危险的，应尽可能均匀而平滑地放开前进/后退行走踏板，不要反复快速踩下前进/后退行走踏板，否则会损坏行走马达。

3. 制动踏板

制动踏板1放开时，不要将脚快速离开踏板1（图4-23），否则液压回路中的液压油就会流出，可能导致机器开始移动，所以在操作制动器时应特别小心。

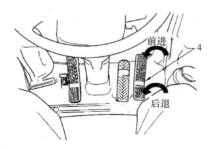

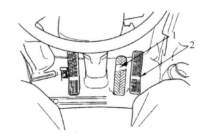

图4-22 行走踏板的操作　　　　图4-23 制动踏板

应按照以下步骤操作制动踏板以平稳地停下机器：

（1）当机器接近到停车目标区域前25～35m时，缓慢地放开前进/后退行走踏板2。

（2）当机器接近到停车目标区域前5～6m时，轻轻踩下制动踏板1。

（3）当机器马上达到停车目标区域时，稍微放一下制动踏板1，再重新完全地踩下踏板，使机器停下。

在制动器不工作的情况下，把制动开关3（图4-24）转到停车制动位置。但是，只在紧急情况下进行该操作。在进行了该操作后，请充

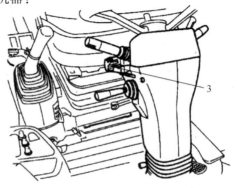

图4-24 制动开关

分检查停车制动器有无受到损坏。

（二）变速控制

操作变速杆 1，可以选择行走方式（图 4-25）。

当操作变速杆 1 时，相应的变速齿轮位置指示灯（2、3 或 4）将亮起。2：N(中立)；3：D(快)；4：L(慢速)。

在快速行走过程中，将变速杆从位置 D 切换到位置 L 时，在行走速度降到慢速之前，变速器将不会变速。当操作、停车或使机器停止时，将变速杆 1 置于中立位置，但在行走过程中不要将变速杆 1 回到中立。在行走过程中，不要将变速杆 1 回到中立，否则可能会导致行走马达损坏。

（三）在水中或在软地上行走

1. 不要在能浸没前、后车桥、传动装置、停车制动或前、后驱动轴的水中操作机器。如果可能，应避免在水中行走。

2. 如水中行走不可避免，机器最多只能通过深度不超过 $A=300mm$ 的床身平坦、流速缓慢的水域（图 4-26）。如果床身不平，水流湍急，要留有安全余量，以保证不被淹没到 300mm 以上。

3. 在泥泞地上操作机器时，泥土容易积在底盘上，即使是底盘偶尔浸到泥水中。因此，要经常检查，必要时进行清洗。

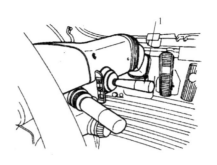
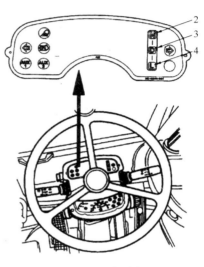

图 4-25　变速杆

4. 避免在软地上行走，如果软地行走不可避免，遵守下述规程：

如果车轮开始打转，应把铲斗降到地上，并用动臂和斗杆功能把机器前部顶离地面。然后，一边收入斗杆，一边试着使机器脱离困境。要同时操作动臂、斗杆、加速踏板，以免机器受力过度。

（四）在斜坡路上行驶

1. 动作步骤

不要在下斜坡时将前进/后退踏板置于中立位置下滑，否则会损坏行走马达。当下坡的距离很长时，行走回路中的液压油油温可能会有所提高，因而只能偶尔踩一下前进/后退踏板。如果行走系统的液压油油温过热，可能会导致液压元件损坏。

当在斜坡路段发动机熄火时，务必踩下制动踏板并已将制动开关 1 转到 P（停车）位置（图 4-27），然后再重新起动发动机。沿斜坡路段下坡之前，一定要操作一下制动器，以检查制动器是否操作正常。当液压油和/或润滑剂未被加热时，爬坡能力可能会下降。

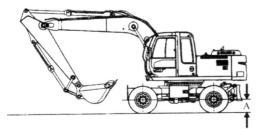

图 4-26　水深标准

所以在爬陡坡之前，一定要进行充分暖机。

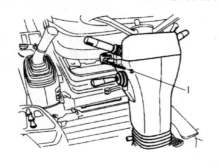

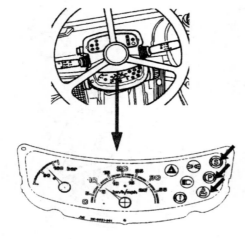

图 4-27　制动开关

2. 制动开关

制动开关 1 有四个位置：OFF（关）、⑧（车桥锁）、P（停车）和 S（作业）（图 4-27）。车桥锁用于固定前车桥，因此只有在作业时才使用车桥锁，行走时使用车桥锁是十分危险的。在通常的行走操作时，务必把制动开关转到 OFF 位置。

在作业时，务必把制动开关转到 S（作业）位置。在关掉钥匙开关前，把制动开关转到 P（停车）位置，如果不将制动开关转到 P 位置或 S（作业）位置，发动机将不能被起动。当制动开关处于 P（停车）位置时，不要操作机器，否则会导致传动装置损坏。为安全起见，在制动开关处于 OFF 位置的情况下，钥匙开关关掉后，停车制动器将会被施加。

（五）斜坡上驾驶/操作机器

1. 动作步骤

在斜坡上驾驶或操作机器是危险的。须减小行走或操作速度，以免机器打滑或翻倒。

（1）绝对不要试图爬坡度大于 20°。以上的斜坡或在坡度大于 5°的斜坡上横向行走。

（2）在斜坡上行走前，务必先系好安全带。

（3）在斜坡上行走时，把铲斗保持在行走方向上并使铲斗离地约 0.5～0.1m（A）（图 4-28、图 4-29）。如果机器开始打滑或失稳，立即把铲斗降到地上并停止行走。

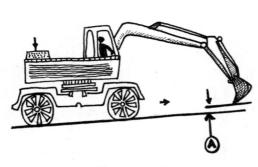

图 4-28　上坡

图 4-29　下坡

（4）绝对不要在斜坡上改变行走方向，否则可能会引起机器翻倒或打滑。万一需要改变行走方向，要把机器使到平缓坚硬的地方后进行。

（5）尽量避免在斜坡上横向行走，机器打滑将会十分危险。

（6）在斜坡上，不要向下坡侧旋转，否则可能会引起机器翻倒。即使在向上坡侧旋转时，也要减小旋转和动臂速度。

（7）万一在斜坡上发动机熄火，务必踩下制动踏板，并把变速杆返回到中立位置，然后再重新起动发动机。

2. 在斜坡上停放机器

在斜坡上停放机器是很危险的，因此，应避免在斜坡上停放或停下机器。

如果必须在斜坡上停放机器，应采取以下措施（图4-30）：

（1）把铲斗齿插入地面；

（2）各操纵杆回到中位，制动开关置于P（停车位置）；

（3）用挡块顶住车轮。

（六）操作时的注意事项

图4-30　斜坡上停放机器

正确地操作机器能延长机器零部件的使用寿命，并能节省燃油和润滑油。为了安全、经济地操作机器，需注意以下事项：

1. 起动机器前，需检查轮胎，看有无损伤，如刮伤、破裂等；检查每个轮胎的气压。

2. 绝对不要站在轮胎上、地面上起动发动机。

3. 行走时，应先确认正确的行进方向（图4-31），不正确的方向盘、前进/后退踏板的操作可能会导致严重的伤亡事故。

4. 跟在其他车辆后面时，或对面有车辆开来时，请使用近光束（在控制前灯远/近光束位置时，请使用灯开关1）（图4-32）。

图4-31　确认机器的行进方向

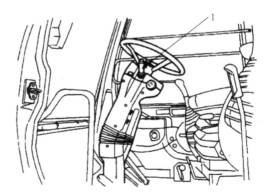

图4-32　调光开关

5. 不论是拖车运输、路上行走，工地间移动时，还是在坡上停车时，务必把旋转锁杆放到LOCK位置，以防止上部结构的旋转。

6. 停放机器时，必须把变速杆置于中位，制动开关置于P位置。

其他相关操作时注意事项，请参见履带式挖掘机，并学习制造商设备随机手册。

三、行走安全

挖掘机可做短距离自行，转移时应对走行机构进行一次全面润滑。履带式挖掘机自行距离不应大于 5km；行驶时，驱动轮应在后方，走行速度不宜过快。轮胎式挖掘机可以不受限制。但也不得做长距离自行转移。

当行走或进行操作时，一定要与人、建筑物或其他的机器保持一定的安全距离，以避免同它们接触。当机械行驶时不要让任何物品挡住视线，铲斗和其他工作装置应置于运输位置上，并保持最大稳定性和视野。为了能有宽裕时间控制好机械，请以足够慢的速度操作机械。在崎岖的、冰雪或较滑的地面及山坡上要缓慢行驶。在路肩和狭窄的场所行走时，应配备信号员。

1. 挖掘机在挪位时，驾驶员应先观察并鸣笛，后挪位，避免机械旁边有人而造成安全事故；挪位后的位置要确保挖掘机旋转半径的空间无任何障碍，严禁违章操作。除机器行走外，不要把脚放在踏板上（图 4-33）。

2. 履带式挖掘机移动时，应先确认下部行走体的方向后，再操作行走操纵杆；应尽量收起工作装置并靠近机体中心，以保持稳定性；把驱动马达放在后面以保护驱动马达，臂杆应放在走行的前进方向，铲斗距地面高度不超过 1m，并将回转机构刹住（图 4-33）。

图 4-33　确认行走方向

图 4-34　禁止急速转弯

3. 后退时，如果视野不好，应配备信号员。

4. 尽可能地选择在平地上直线行走，挖掘机走行转弯不应过急（图 4-34）。如弯道过大，应分次转弯，每次在 20°之内。拖车载运挖掘机设备在路上行驶时，转弯或窄路避让行人或车辆时不应过急。

5. 行走前，检查桥梁和路基的强度。若强度不足则应进行加固。为了防止钢质履带板损伤路面，应使用垫板（木板）。夏季在柏油路面上转向时应特别注意，横穿铁路时，为了不损伤轨道，应使用垫板（木板）。

注：履带式挖掘机不允许在公路行驶。

6. 挖掘机下坡时，驱动轮应在前面使上部履带绷紧，以防止停车时车体在重力作用下向前滑移而引起危险臂杆应在后面，下坡行驶要挂挡，不要挂空挡，保持发动机转速，提供转向及制动功能；上下坡行驶使用相同档位。上下坡时若机械发生故障一定要垂直停放机械以避免侧翻；停车后，把铲斗轻轻插入地面，并在履带下放上挡块。

7. 地下通道前或经过桥梁和电线前，应先确认高度（图4-35）。

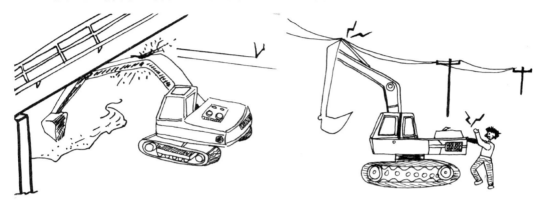

图4-35　确认高度（桥涵洞或输电线下通过或作业时）

8. 当横穿河流时，用铲斗测量河水的深度，缓慢地过河。不要在河水超过托链轮上部边缘的情况下过河。

9. 当在不平地带行走时，会对机体造成很大的冲击。故应降低发动机转速，并以低速行走。

10. 当在斜坡上操作时（图4-36），挖掘机上坡时，驱动轮应在后面以增加触地履带的附着力；臂杆应在上面，放低挖斗和动臂并谨慎操作。在任何情况下都不要横穿陡坡，这样容易引起侧翻。请直上直下地在陡坡行驶。陡坡行走转弯时，应将速度放慢；左转时向后转动左履带，右转时向后转动右履带，这样可以降低在斜坡上转弯时的危险。姿势应如图4-36所示。

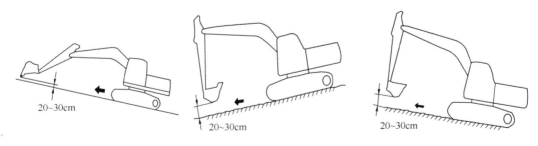

图4-36　斜坡上操作

11. 机器长距离行走，会使支重轮及驱动马达内部因长时间回转产生高温，机油黏度下降和润滑不良，因此应经常停机冷却降温，以延长下部机体的寿命。

12. 避免石块等障碍物碰撞行走马达。此外，越过障碍物时不要给机器施加过大的外力。尽可能避免在障碍物上行走，如果不得不在障碍物上行走，要使工作装置靠近地面并以低速行走，并应确保履带中心在障碍物上。

13. 应避免长时间停在陡坡上怠速运转发动机，否则会因油位角度的改变而导致润滑不良。

14. 在寒冷天气，要把机器放在坚硬的地面上，以避免履带和地面冻结在一起。如果履带和地面冻结在一起，可用动臂提起履带，并小心地移动机器，以避免驱动轮和履带的损坏。在装载和卸载机器前，一定要清除履带板上的积雪和冰，以防止机器打滑。

四、作业安全

为了能高效、安全地操作机器，启动机器时请鸣笛警示，作业过程中，铲斗若未离开地面前，不得做回转、走行等动作；铲斗满载悬空时，不得起落臂杆和行走。

土石方作业中请务必注意：

1. 使机器处于稳定位置

机器进行作业时，应当始终使其处在稳定位置。机器位于平坦地面既能提高作业效率，又能保证作业安全，而且还能延长机器的使用寿命。操作挖掘机前，请拉上停车制动，把传动控制装置放在空挡位置，降低稳定装置（如果有），使机械尽量稳定。如果有平衡装置，应平衡上车结构。

2. 平稳操作

为了进行有效的作业，应当使挖掘位置同机器保持适当的距离。如果距离太远，机器的重心将会向前移动，这将导致操作不稳定。当机器在不平的作业条件下进行操作时，下部行走体的后部往往会离开地面。出现这种情况时，履带轨链节会松动，支重轮也将有可能同履带轨链节脱离。在坚硬的地面上操作，会加重振动程度，对下部行走体造成不良影响。

3. 机器回转

操作人员的驾驶室位于机器左侧，操作人员左侧视野较为广阔。因此机器向左回转会比向右回转来得容易并且安全。挖掘机回转时，应用回转离合器配合回转机构制动器平稳转动，禁止急剧回转和紧急制动。

4. 安全装载

进行装载作业时，要让自卸车停在容易观察的地方，应从自卸车的后侧将铲斗提到自卸车车斗上方的合适高度进行卸载。

装运石块或碎石时，装卸都应贴近自卸车车体的底部进行。先装土料或软性材料，然后再装石块，这样可以保护车体免于操作（图 4-37）。

若往汽车上卸料时，应等汽车停稳，汽车驾驶员离开驾驶室后，方可回转挖掘机的铲斗，向车上卸料。挖掘机回转时，应尽量避免铲斗从汽车驾驶室顶部越过。卸料时，铲斗

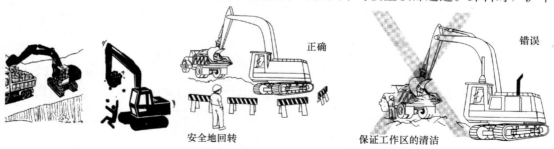

图 4-37　装载作业（挖掘机与自卸车的位置）

应尽量放低，但又注意不得碰撞汽车的任何部位。

5. 雪天的操作

在冰冻地面上作业时，要特别警惕。因为环境温度的上升会使地基变得松软，容易造成机器倾翻。如果机器在积雪中工作，会有翻倒或埋入雪中的危险。注意不要离开路肩或陷入积雪中。在清理积雪时，路肩和道路附近的物体被埋入雪中不能发现或识别，因此有机器倾翻或撞到被埋物体的危险，因此一定要小心操作。

6. 动臂紧急降下处理

如果机器出现异常现象，发动机不能重新起动，此时如动臂仍然悬在空中，应采取措施将铲斗降至地面。具体操作方法参见各厂家挖掘机操作人员手册。

7. 能见度较低下作业

在能见度较低的地方作业时，打开装在机器上的工作灯和动臂大灯，必要时在作业区域内设置辅助照明或信号员（图 4-38）。

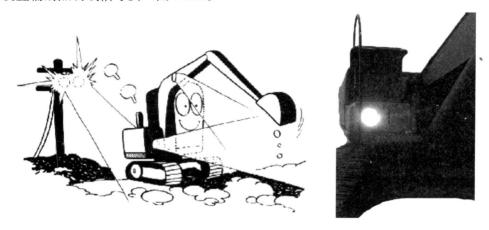

图 4-38　能见度较低的地方作业（开车灯和增加辅助照明）

8. 人机协同作业工况

一般情况下，挖掘机作业范围内不允许有无关人员；但在人机协同作业工况条件下，其他工序的配合人员若必须在挖掘机回转半径内工作，则挖掘机必须停回转，并将回转机构刹住后，方可进行人员工作。同时，机上机下人员要彼此照顾，听从统一指挥，密切配合，确保安全。

9. 拉铲作业

拉铲作业中，当拉满铲后，不得继续铲土，防止超载。拉铲挖沟、渠、基坑等作业时，应根据深度、土质、坡度等情况与施工人员协商，确定机械离边坡的距离。反铲作业时，必须待臂杆停稳后再铲土，防止斗柄与臂杆沟槽两侧相互碰击。

第四节　操作方法与动作要领

一、挖掘方法概要

反铲挖掘机适用于地表以下的挖掘，挖掘方法可以分斗杆挖掘、铲斗挖掘等。正确的操作方法是：在铲斗动作的同时，应收斗杆、抬动臂，三个动作复合作业，才是一个完美的挖掘动作，作业时调整挖掘距离和挖掘深度，尽量使每次挖掘都能做到满载。满载作业生产效率最高，为了增加生产能力，满载应该是第一目标，然后才是速度。当泥土粘附在铲斗上时，应用迅速地前后移动斗杆和（或）铲斗的方法来甩掉泥土。

挖掘作业应把机器放在较平坦的地面上，驱动轮置于后侧以增加稳定性，机器的稳定性不仅能提高工作效率延长机器寿命，而且能确保操作安全。挖掘时不要挖掘机器底下超过安全角的土壤，以免造成机器的倾翻。但需要保证挖掘点靠近机器，以提高稳定性和挖掘力；假如挖掘点远离机器，会造成因重心前移而不稳定；侧向挖掘比朝前挖掘稳定性差，如果挖掘点远离车体中心，机器会更加不稳定，因此挖掘点与车体中心保持合适的距离，以使操作平稳高效。

图 4-39　有效利用挖掘力

以斗杆为主进行挖掘作业。当铲斗油缸与连杆、斗杆油缸与斗杆销轴之间彼此成 90°角时，每个油缸的挖掘力最大（图 4-39）。此状态下可有效利用挖掘力以提高挖掘作业效率。当用小臂挖掘时，保证小臂角度范围在从前面 45°角到后面 30°角之间。同时使用大臂和铲斗，能提高挖掘效率。挖掘较软的土质时，铲斗的斗齿与地面呈 45°角切入，铲斗的斗齿尖对着挖掘方向。深挖掘时，需在短距离内进行挖掘。挖掘较硬的土质时，要减小挖掘角度，以降低挖掘阻力，并使用全行程进行浅挖。当铲斗斗齿和地面保持 30°角时，挖掘力最佳即切土阻力最小。但对于斗齿很难切入的硬土，如果增大挖掘角度，可以使铲斗切入变得容易（图 4-40）。挖掘结束时，应迅速从斗杆收回的动作转换为斗杆伸出。此时，聚集在铲斗斗齿处的砂土会滑向铲斗中央，从而起到平整铲斗内砂土的效果。这样，通过"抖动操作"可以防止砂土溢出（图 4-41）。

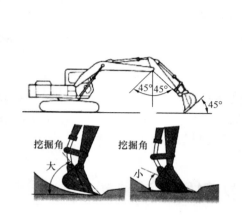

图 4-40　挖掘角度（软土工况、硬土工况）

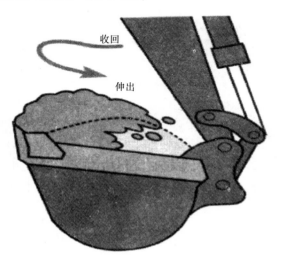

图 4-41　抖动操作

二、典型作业操作要点

（一）挖沟作业

挖沟作业时，保持履带的行走方向与沟的方向一致，行走马达位于机器的后方，一面后退，一面挖掘主要靠斗杆挖掘。挖掘较软的土地时，铲斗的斗齿与地面呈 70°角切入，铲斗的斗齿尖尽量对着挖掘方向，使用全程浅挖。从机架的侧面挖掘，应注意防止斗齿会碰到履带，深挖时，机器稍稍向前倾进行挖掘，但应注意履带不得露出坡顶（图 4-42）。

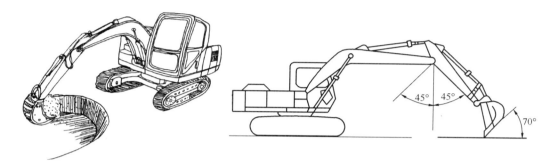

图 4-42　挖沟作业

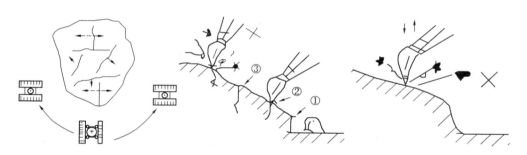

图 4-43　挖掘岩石作业（挖掘机位置、斗齿优先插入点）

（二）岩石或混凝土块挖掘

1. 应尽量避免使用铲斗挖掘岩石，否则会对机器造成较大破坏；

2. 根据岩石的裂纹方向来调整车体的位置，使铲斗能够顺利铲入，进行挖掘；把斗齿插入岩石裂纹中，用小臂和铲斗的力量挖掘（应留心斗齿的滑脱），图中①②③有裂缝的位置可作优先插入点；

3. 对没有碎裂的大块岩石或混凝土块，应先破碎后再使用铲斗挖掘。

（三）整平作业

平整作业时，利用动臂提升和动臂下降配合斗杆收回复合操作，保持铲斗在水平面上运动，达到平整土地的功效。当动臂和斗杆夹角大于 90°时，操作斗杆收回和动臂提升微操作进行作业，一旦斗杆移动过垂直位置时，便缓慢地降低动臂和斗杆收回作业，从而保持铲斗齿尖的运动轨迹（图 4-44）。平整斜面坡时，第一铲留下的不平部分（高些部分）在第二铲平整时去掉，第二铲去掉第一铲留下的不平部分时应重合部分，重合宽度为20cm 的不平部分＋1/3 的铲斗宽。

图 4-44　平整作业

（四）装载作业

1. 工序与方法

翻斗车装载作业分四道工序，即挖掘→大臂提升回转→排土→降下大臂回转。挖掘机装载物料进入翻斗车的方法有两种，一种是反铲装载，即挖掘机从高于翻斗车的地基上装车，另一种是回转装载，即挖掘机和翻斗车在同一水平的地基上装车；反铲装载法效率好、视野好、易装载。

2. 位置与动作

翻斗车停泊位置：最初不要把斗杆设定在最大伸展位置，要能装入翻斗车的最前部，给斗杆伸展留些余量。挖掘、铲土后，大臂举升、回转进行待机。其间翻斗车一边注意铲斗位置一边倒车，倒至够到翻斗车最前部时，挖掘机按喇叭示意停车。翻斗车车身与履带要成直角，用回转加大臂提升靠近翻斗车。第 1 斗、第 2 斗装在车厢最后端，然后途中再伸展斗杆装车（图 4-45）。接近翻斗车后要徐徐减速，慢慢回转、举升大臂。（不要让铲斗内容物散落）铲斗通过车厢侧板的同时，进行铲斗卸料操作，向中间排出。最后一次，用回转加大臂提升回转，排土时以伸展斗杆与铲斗的复合操作，把车厢内堆土扒均匀。

图 4-45　装载作业（伸展斗杆装车与铲斗的复合操作）

尽量进行左旋转装土，这样做视野开阔，作业效率高；正确掌握旋转角度以减少用于回转的时间，并尽量避免铲斗从驾驶室顶部越过（图 4-46）；在装卸岩石等较重物料时，先装砂土、碎石，再放置大石块，应靠近卡车车厢底部卸料，禁止高空卸载，以减小对卡车的撞击破坏。一般情况下，从卡车车厢前方开始装载，顺序向后方堆土，能够很清楚地看见铲斗的倒土状况。

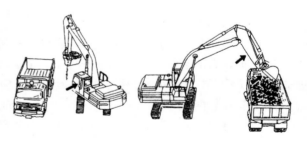

图 4-46　装载作业（左旋转装土）

（五）软地基作业

1. 在软土地带作业时，应了解土壤松实程度，并注意限制铲斗的挖掘范围，防止滑坡、塌方等事故发生以及车体沉陷较深（图 4-47）。

2. 履带陷入泥沼中较深时，在铲斗下垫一块木板，利用铲斗的底端支起履带，然后

图 4-47　软土地带作业防止沉陷

在履带下垫上木板，将机器驶出（图 4-48）。

图 4-48　单侧泥沼、双侧泥沼的环境下的工作位置

（六）水中作业

在水中作业时应注意车体容许的水深范围（水面应在托链轮中心以下），如图 4-49 所示。

如果水平面较高，回转支承内部将因水的进入导致润滑不良，发动机风扇叶片受水击打导致折损，电器线路元件由于水的侵入，很容易发生短路或断路。

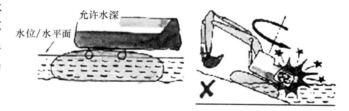

图 4-49　水中作业务必保持水位线在链轮中心以下

预防和应急处理，应注意：

1. 水中作业时，不要让水超过以支重轮回的中心；如果回转轴承湿了，立刻打黄油，直到把旧的黄油全部清除。

2. 如果水进入回转齿轮箱，立刻拆下下部盖子放水，并加入新黄油。

3. 水中工作以后，清除铲斗销的旧黄油，并加入新黄油。

（七）吊装作业

1. 液压挖掘机做吊装操作时（图 4-50），一般是被禁止的。但是，经常在现场代替起重机吊东西，很容易发生事故，请注意安全作业。为获得良好的稳定性，携带的负载应靠近机器和地面。起重能力随着离回转中心距离的增加而减小。

2. 使用液压挖掘机进行吊装操作时，应确认吊装现场周围状况，使用高强度的吊钩和钢丝绳，吊装时要尽量使用专用的吊装装置。

3. 吊装作业时，动作要缓慢平稳；吊绳长短适当，过长会使吊物摆动较大而难以精确控制

4. 大、小臂联合动作时，吊钩角度会变化，钢丝绳会向外摆动，请正确调整铲斗

91

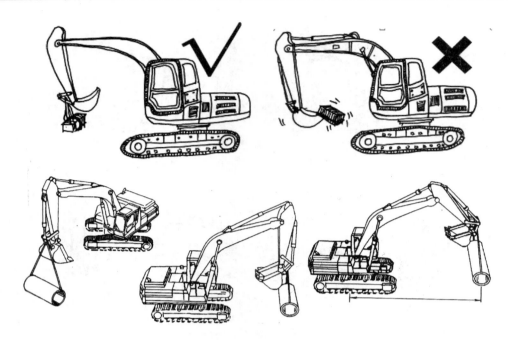

图 4-50　吊装操作使用专用的吊装装置

位置

5. 误操作或急急忙忙操作，会有很多潜在危险。所以吊装人员固定好吊物后，请远离吊物，避免危险。

（八）破碎作业

正确的破碎动作位置如图 4-51 所示。

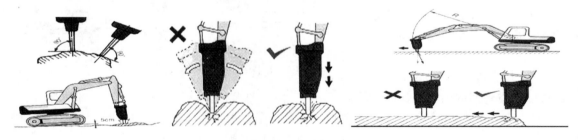

图 4-51　正确的破碎动作位置

主要工作步骤如下：

1. 首先，把破碎头垂直放在要破碎的物上。

2. 当开始破碎作业时，把前车体抬起大约 5cm，但不要抬起过高。

3. 破碎头要一直压在破碎物上。当破碎物没有被破碎时，不要操作破碎头。当破碎物碎了，应马上停止破碎。

4. 破碎头破碎方向和破碎器自己的方向将逐渐改变而不在一条直线上，所以应一直调整铲斗油缸保证两者在一条直线上。

5. 当破碎头打不进破碎物时，改变破碎位置。在一个地方持续破碎不要超过一分钟，否则不仅破碎头会损坏，而且油温会异常升高。对于坚硬的物体，从边缘开始破碎。

6. 不要边回转车体边破碎，破碎头插入后不要扭转，不要在水平方向或向上的方向使用破碎头，不要把破碎头当凿子撞击很大的岩石。

第五节　作业事故预防

一、正确动作与操控设备

1. 当回转到沟渠时，不要利用沟渠来停止回转动作。

2. 如果动臂撞到堤岸或物体上而反复利用物体来停止动臂会导致结构性损坏，当动臂撞到堤岸或物体时要检查机器是否有损坏。

3. 某些动臂——斗杆——铲斗的组装会使铲斗撞击驾驶室或机器前部。首次操作新工装时，务必检查是否有干涉。

4. 挖掘作业中，每当机器履带升起脱离地面时，应将机器平衡地降回到地面。不要使其摔下或用液压装置支撑，否则，会导致机器损坏。

5. 与一定的工装组合，第三踏板（外接踏板）可以具有不同的功能。使用第三踏板之前，必须了解第三踏板的功能和其具有良好的工作状态。

6. 每当所在位置无法有效挖掘时请移动机械，在工作过程中可随时前后移动。

7. 在狭窄地方工作时，可利用铲斗或其他工装实现下列功能：

——推机器；

——拉机器；

——升起履带。

8. 操作机器时，应选用平稳、舒适的速度。

9. 执行一项工作任务时，使用一个以上的机器操纵杆能够提高作业效率。

10. 将物料装载车停在机械可从其后部或侧面装载物料的位置。均匀地向物料装载车装载，以使物料装载车后桥不至于超载。

11. 过大尺寸的铲斗或装有刀片型侧铲刀的铲斗不应用于岩石类物料。这类铲斗会减缓操作循环，并会导致铲斗或其他机器部件的损坏。

12. 当挖深孔时（图4-52）须特别注意：不要将动臂降下到动臂底侧接触地面；不要使动臂和履带相互干涉。

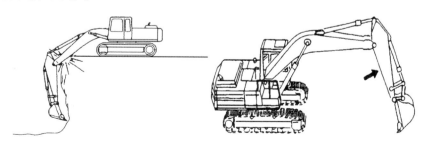

图4-52　挖深孔动作

二、禁止类作业或动作情形

（一）禁止动作

1. 不要利用回转力进行下列操作

（1）压实土壤。

（2）破裂地面。

（3）摧毁作业。

错误

图 4-53　禁止利用回转力作业

2. 铲斗齿在土壤中时不要回转机器

这些操作会损坏动臂、斗杆或铲斗，并且会降低工装的寿命。

3. 不得利用铲斗落下的力进行锤击（图 4-53）。这会使机器后部承受过大的力，可能造成机器的损坏。

4. 如果操作中液压缸用行程的末端工作（图 4-54）。在液压缸内的挡块上会受到过大的力。这会降低液压缸的寿命。为避免产生这个问题，在液压缸工作时应留出一个小的行程余量。

5. 当铲斗在地下时，不要用行驶力做任何挖掘工作，这样做会对机器后部造成过大的力。

6. 不要用机器后部落下的力进行挖掘，这种操作会损坏机器。

图 4-54　禁止铲斗落力锤击和在液压缸行程末端状态下铲斗受力工作

（二）禁止作业

1. 禁止用行走力进行挖掘，不可把行走动作作为附加的挖掘力（图 4-55）。否则会致机器损坏。

2. 禁止用挖掘机自重进行挖掘不可抬起车体后部（图 4-56），把车体重量作为附加的挖掘力。否则，会导致机器损坏。

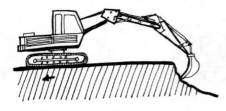

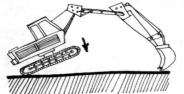 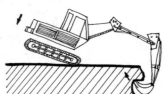

图 4-55　禁止用行走力进行挖掘　　　　图 4-56　禁止用挖掘机自重进行挖掘

3. 禁止用回转力进行挖掘不可利用回转力进行挖掘作业。不要通过回转横向平移石块和砂土。特别是不要利用回转时的惯性进行横向撞击。动臂和斗杆的变形以及油漆的褶皱和脱落就是进行了这种回转撞击的后果。

4. 禁止用油缸行程末端进行挖掘

请勿使油缸到达行程末端（图 4-58，图 4-59）。在进行挖掘作业时，要使各油缸行程有 50～80mm 左右的余量。如果在行程末端状态

图 4-57　禁止用回转力进行挖掘或横向平移石块和砂土

下使用，则会由于过载溢流阀失效而造成油缸和前端工作装置损坏。连杆变形和油缸安装支架破损几乎都是由于在行程末端状态下进行作业而造成的。

图 4-58　禁止用油缸行程末端进行作业

图 4-59　禁止在油缸行程末端，铲斗满载时，高速旋转

不可在动臂油缸完全伸出，斗杆油缸完全收回，铲斗满负载时，进行高速旋转作业。此时机器重心上移，回转离心力大，会导致翻车的后果。为了避免损坏液压油缸，不要在铲斗液压油缸完全翻入时，用铲斗撞击地面，或用铲斗捣实。不要试图完全伸出斗杆并利用动臂下降的冲击力，用铲斗斗齿来穿透地面，挖出岩石。这会导致机器的严重损坏。

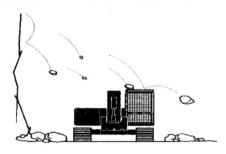

图 4-60　坠落物现场作业时，应立即安装驾驶室防护罩

5. 工况不明不挖

（1）在开始作业前应充分检查作业场地，确保安全施工（如：确认地下电缆、煤气管道和水管的具体位置和深度；确认施工地基情况；在水坝下游施工应确认水坝开闸放水时间，机器进行及时避让等）。

（2）在有物体掉落可能的作业场地进行作业时，务必安装上驾驶室防护罩（图 4-60）。

（3）上部旋转时要特别注意检查机器周围的间隙，防止发生碰撞。（图 4-61）。

（4）如果需要在软地上作业，应事先充分加强地基，可利用枕木和钢板对地基进行加固（图 4-62）。

图 4-61 注意机器周围间隙

图 4-62 松软地段应使用枕木

（5）确保作业场地有足够的强度以牢固地支撑住机器。

当在沟穴或路肩旁作业时，以履带垂直于壁面，行走马达在后的状态下操作机器，这样，即使壁面坍塌，机器也能容易地撤离。当在靠近悬崖边作业时，确保机器所处的地面坚固，应使行走马达在机器的后方。

6. 停机面垂直下方不挖

不要挖掘挖掘机的下部。在机器前下方不要挖得太深。否则，机器下面的地面可能会坍塌致使机器跌落。不要挖掘图 4-63 所示悬空部分下方的工作面，这样会有落石的危险或悬空部分塌方，砸到机器上的危险。如果需要在崖壁或堤岸的底下作业时，务必首先考察作业区域，确认没有崖壁或堤岸坍塌的危险。当挖掘深沟时，应避免动臂或铲斗液压油缸软管与地面撞击。

7. 斜坡上不挖

避免机器在 10°以上的坡度上作业。在斜坡上旋转机器有倾翻的危险，当铲斗有负荷时更不能在斜坡上旋转机器，因为此时机器可能会失去平衡，造成倾翻。如果一定要在斜坡上作业首先要用土在斜坡上堆起一个平台（图 4-64），以便操作时可以使机器保持平衡。

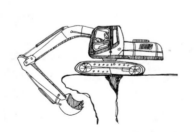

图 4-63 禁止对停机面垂直下方挖掘

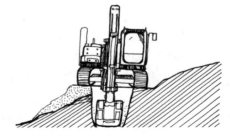

图 4-64 在斜坡上堆起平台进行作业

注：在不平地带或斜坡上机器总是有翻倒的可能。为防止翻车事故的发生，在不平地带或斜坡上操作时应减小发动机速度、选择慢速行走方式、缓慢地操作机器，并注意机器的运动。

8. 超标准用途不挖

标准型机器，禁止用于挖掘以外的用途，如打桩作业和吊装作业等（图 4-65）。

9. 埋入地下物件不明不挖

对地下电缆或煤气管道等设施不清楚和有明确标识时，禁止进行挖掘，否则将导致严重后果（图 4-66）。

10. 指挥信号不明不挖

驾驶员应掌握《起重吊运指挥信号图解》GB 5082 最新版的知识。现场协同作业时听从信号员指挥。在现场配备指挥员的情况下，若指挥员发出的信号不明确或无法理解，应停止作业，不可盲目挖掘。

图 4-65 禁止打桩

图 4-66 对地下电缆、煤气管道等设施禁止挖掘

11. 工作区域没有隔离不挖

在机器施工区域设立隔离栅及警示牌。将作业区和机器移动范围内的所有人员撤离，清除所有障碍物。在操作过程中时刻注意周围情况有无异常（图 4-67）。

12. 安全装置失灵不挖

挖掘机一般配备有先导锁杆、紧急逃生锤等安全装置。在进行作业前的基本检查时，若发现以上安全装置有失灵现象应等修理完毕后再进行作业，不可存侥幸心理。

三、破碎作业中的危险应对

（一）使用前检查

使用破碎锤前，除了按液压挖掘机的起动前检查项目进行检查外，还需对以下项目进行确认：

图 4-67 设立隔离栅及警示牌

1. 螺栓部位的松紧程度

如果在作业中发生螺栓、螺母脱落的情况，会导致相关零件出位乃至造成重大事故。所以使用前，请检查各部位螺栓、螺母是否脱落、损伤及松动，必要时请更换或拧紧（图 4-68）。

2. 钢钎部位补充润滑油脂

如果在钢钎悬空状态下补充润滑油脂（黄油）或补充过多的润滑油脂，油脂就会进入打击室内，打击时打击室内就会产生异常高压进而损坏液压锤。

因此，请务必在钢钎压实状态下补充润滑油脂（图 4-69）；请不要补充过多的润滑油脂。

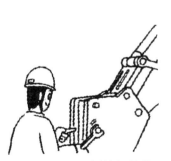

图 4-68 检查螺栓松紧度

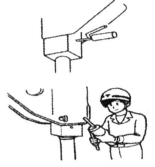

图 4-69 补充润滑油脂

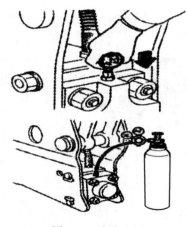

图 4-70　氮气压力

3. 液压油检查（油量/污染）

使用前除了需检查液压油箱的油量是否充足外，还应及时确认液压油的污染状况，这是因为液压油污染是导致机器故障的主要原因之一。液压油的污染程度可根据各厂家提供的油样样本判断。

4. 氮气压力

使用前请检查活塞氮气室压力．如果氮气不足应及时进行补充（图 4-70）。注意：氮气压一旦超过规定氮气压，会导致无法打击或打打停停等作业不良现象的产生，因此可以适当放掉一些氮气直至规定的氮气压范围。

（二）破碎作业中各类危险的应对

由于破碎锤比铲斗重得多，所以机器的稳定性降低。在使用破碎锤时，机器更容易倾倒，飞弹物也有可能会弹到驾驶室或机器的其他部分。因此，需遵守以下注意事项，以防止事故发生和机器、人员的损伤。

1. 避免用破碎锤撞击物体

破碎锤比铲斗重，因此下降较快。注意不要用破碎锤撞击任何物体（图 4-71），否则会损坏破碎锤、前端配件、上部结构等。在开始破碎锤操作前，总是先缓慢地移动或降下破碎锤，直至锤头放到被破碎物体上。

2. 不要用破碎锤和回转功能移动物体

不要用破碎锤和机器的回转功能来移动物体（图 4-72），否则可能会损坏动臂、斗杆、破碎锤。

图 4-71　避免撞击物体

图 4-72　避免用破碎锤及回转功能移动物体

3. 不要处于行程末端

为了防止损坏液压缸或机器，在操作破碎锤时，尽量不要完全收缩或完全伸展液压油缸（图 4-73），即避免使活塞处于行程末端。

4. 避免软管异常跳动

如果破碎锤液压软管有不正常的跳动，应立即停止操作（图 4-74）。破碎锤蓄能器内的压力变化或者损坏的蓄能器会造成不正常的软管跳动，并将造成破碎锤或机器的损坏。

5. 严禁水下作业

如果在水中操作破碎锤，可能会导致生锈

图 4-73　避免处于行程末端

并损坏密封部件或液压系统其他部件（图 4-75）。

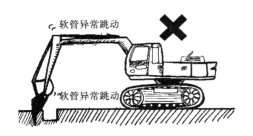

图 4-74　避免软管异常跳动

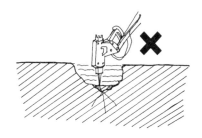

图 4-75　严禁水下作业

6. 不可进行起重作业

不能用破碎锤进行起重作业，否则，会引起机器倾倒或破碎锤的损坏（图 4-76）。

7. 避免碰撞动臂

使用破碎锤时，需注意在工作装置收回的状态下，避免锤头碰撞动臂（图 4-77）。

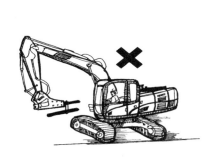

图 4-76　不可进行起重作业

图 4-77　避免碰撞动臂

8. 正确的作业位置

由于破碎锤要比铲斗重，如果在机器旁侧操作破碎锤，机器会不稳定，同时，可能导致下部行走体部件寿命的缩短。因此，不可旋转上部结构到机器的旁侧来操作破碎锤（图 4-78）。

9. 严禁斗杆垂直作业

不要把斗杆放在垂直位置上来操作破碎锤，否则会引起斗杆液压缸过度振动，导致漏油（图 4-79）。

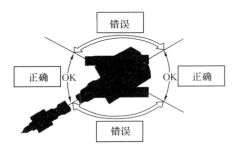

图 4-78　正确的操作位置

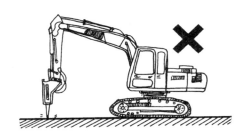

图 4-79　严禁斗杆垂直下作业

10. 锤头应垂直推入物体

在压下破碎锤时，应将锤头垂直地至于破碎物体上进行推入（图 4-80）。

11. 严禁空打

请在确认压实打击对象后再进行打击作业。空打会导致油温上升及螺栓的松动和破损等情况（图 4-81）。

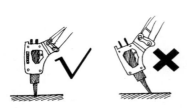 

图 4-80　锤头应垂直推入物体　　　　图 4-81　严禁空打

12. 严禁剟撬

操作破碎锤时，如果钢钎剟撬来破碎石块会导致钢钎螺栓及其他部件的损伤等情况的发生（图 4-82）。

13. 严禁持续打击

在同一位置上超过 1 分钟以上的长时间持续打击会使油温快速升高，从而导致螺栓损坏以及锤头异常磨损等情况发生。

如果物体在 1 分钟之内不能破碎，可将破碎锤更换到其他位置上继续打击，每个作业位置均不超过 1 分钟（图 4-83）。

 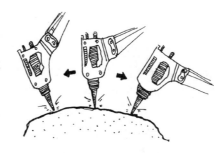

图 4-82　严禁剟撬　　　　　　　　图 4-83　严禁持续打击

14. 按顺序打击

大块坚硬的石头在破碎时，可从易破碎部位开始依次打击（图 4-84），这样会极大地提高打击效率。

15. 正确选用破碎锤

通常情况下，根据使用的液压挖掘机的整机重量及工作位置的形式不同等条件，来选用不同规格（不同重量）的破碎锤，在具体选用时，请参阅各厂家提供的样本及说明。

图 4-84　从易破碎部位
开始按顺序打击

四、挖掘机典型事故分析预防

（一）弯道行进急转弯翻车、路肩作业中误操作后滚落谷底

1. 事故经过

两台挖掘机用于某路肩修补施工。

一台挖掘机如图 4-85（*a*）所示布置于靠近路肩边缘，与道路平行停放进行作业。但机体过于靠路肩边缘，在进行单边转向欲离开路肩时，驾驶员误操作了行走杆，造成山体侧的履带移动，致使该侧履带偏离路肩，直接滚入 5m 深的谷底，驾驶员被挖掘机压死。

另一台挖掘机在向施工现场转场，高速穿过林中道路时因急转弯处视野不良，未提前减速造成翻车，如图 4-85（*b*）。

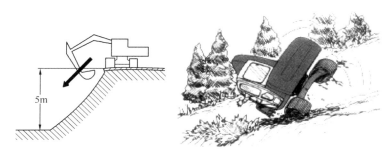

图 4-85

（*a*）履带过于靠近路沿导致滚入谷底；（*b*）弯道急行进导致翻车

2. 发生原因

（1）路肩边缘和急转弯处需要小心操作。单边转向时发生误操作，急弯没有减速慢行。

（2）行走部分与道路平行放置，致使撤离操作复杂化。

（3）道路的横剖面坡度向坡底倾斜，机器的稳定性下降。

3. 防止措施

（1）在路肩作业时，机器应与路肩垂直放置，以便紧急时撤离。考虑横剖面坡度，必要时垫放垫板，使机器保持水平（图 4-86）。

图 4-86　尽量离开路肩并加垫板保持机器水平

（2）在路肩等不稳定的场所施工，应尽量小心、慢慢操作，不得快速前进、后退和转向。

（3）机器的停放应尽量离开路肩，以防止地基塌陷造成的翻车事故。

（4）急弯减速慢行，注意观察四周环境，提前化解风险。

（二）人夹在挖掘机与山坡之间

1. 事故经过

林道修复施工中，要在道路的山谷侧建混凝土防护墙，需在 4m 宽的道路上挖基槽。槽宽 1.5m、深 2m、长 10m。挖掘机停在道路的山体侧宽 2.5m 的道路上，挖掘机与山体的坡面之间只有 0.2m 间隙。工人通过铲斗和机器周围时，应由挖掘机现场的作业指挥员统一指挥通过。而事故发生时，作业指挥员擅离岗位不在现场。此时完成清除砂石作业的工人下班，见没有围挡提示和无人值守，就抄近道穿过挖掘机附近，而挖掘机驾驶员背向过路的工人，没注意到身后山体侧人员的过往，转动机身过程中将经过的工人夹在了山体坡面与挖掘机配重之间，造成重伤（图 4-87）。

图 4-87　山坡路边作业注意设置指挥员和安全警示

2. 发生原因

（1）穿过有可能被挖掘机夹住的狭窄部位。

（2）没有禁止入内的防护措施，无人指挥。

（3）现场没有设置安全警示标识标志。

3. 防止措施

（1）应预先评估可能穿过挖掘机等车辆式工程机械附近时，在机械旋转范围内设置禁止入内的警示，并在道路的前后设置安全护栏和警示牌。

（2）设置指挥员指挥车辆时，指挥员不得擅离职守，有事离开时，应移交授权他人代理。

（3）该事故虽发生在林道施工，但在城市街道、民房混凝土墙等诸多狭窄作业场地（如，做水管埋设土沟、狭窄通道作业、拆迁场所等）施工时，也发生过同类事故，必须认真防范，做好全员安全教育和三级施工安全交底。

（4）采取禁止入内和配备现场指挥的双重防护措施。

（三）挖掘机上平板车，车道板坡道板轻度不足、挂接不牢，车体侧向倾覆

1. 事故经过

挖掘施工结束了，现场转移时，在卡车上搭车道板，用于装载挖掘机。挖掘机开到车道板中央时，一侧车道板滑落，挖掘机的驾驶室朝下倾覆，驾驶员被压死（图 4-88）。

2. 发生原因

（1）车道板前端左右应有 2 个挂钩，共有 4 个，而卡车车厢底板的挂环只有 2 个且未

挂接牢靠，造成车道板浮在车厢底板上，挖机上车过程中车道板产生偏斜。

（2）卡车停在道路端部，横剖面坡度很小，相当于爬坡坡度，不适于车辆装运。

（3）开挖掘机的人员未接受过操作技能培训和专门安全教育，未掌握要领和落实检查要点。

3. 防止措施

（1）在车道板上装挂钩时，应与卡车车厢底板的挂钩环配合，确实挂牢。

图 4-88　上平板车时车道板滑落引发倾覆

（2）事先调查地基的起伏、横剖面坡度，采取安全措施。

（3）机身重量超过 3t 时，使用反铲挖掘机的操作人员，应接受岗前操作技能培训；机身重量为 3t 以下时，应接受专门安全教育。

（四）挖掘机下板车，未使用专用车道板，下车过程中倾覆

1. 事故经过

房屋建筑工地上，因为没有携带专用车道板，作业人员随意用现场两块水泥板和两块铝板做车道板分别欲将两台挖掘机装到拖车上。

此时，拖车旁边另有一作业人员实施现场清理作业，收拾散乱在地上的建材。液压挖掘机见图 4-89a，在即将登上拖车平台的时候失去平衡，挖掘机从机手席一侧翻滚下来，造成拖车旁边进行清理作业的工作人员则由于被液压挖掘机压倒而死亡。

另一台挖掘机，铝板车道板强度不足，途中压垮铝板坠落，机手紧急跳离了机体，惊出一身冷汗，自身安全。见图 4-89b。

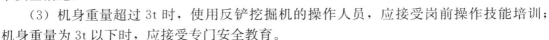
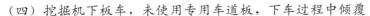

错误操作　　　　　　　　错误操作　　　　　　　　正确操作

图 4-89a 现场取材用作车道板下车造成倾覆

错误操作　　　　　　　　错误操作　　　　　　　　正确操作

图 4-89b 未使用足够强度的专用车道板下车造成倾覆

2. 原因分析

（1）没有落实挖掘机制造商安全告知，擅自采用非专业车道板或其替代物，留下隐患；

（2）没有分析制订作业方案，作业前未清场现场无关人员；

（3）没有设置统一指挥人员和安全警示。

3. 正确方法

（1）要使用适合于搬运车辆或建设机械专用上下车斜板，将斜板的角度设定成低于15°。

（2）除了要禁止无关人员进入作业区域内，现场还需要作业指挥者等。

（3）预先进行作业顺序、方法的探讨，然后要清楚告知相关人员。

（4）卸重机器时，要在平坦坚固的场地，遵守专业方法程序进行。

（五）挖掘机行走就位过程中伤人事故

1. 事故经过

污水处理厂的施工现场，液压挖掘机正在工作就位移动前进，在横穿完铁质垫板（宽约1.5m、长6m、厚2cm、重量1.6t）处，向右转行，垫板局部受压后严重翘起，恰遇一个工作人员在那块铁板上行走，造成人员跌倒和挤伤（图4-90）。

错误操作　　　　　　　　错误操作　　　　　　　　正确操作

图4-90　挖掘机行走就位过程中伤人

2. 原因分析

（1）未设置隔离、通道区域安全标志标示；

（2）未事先踏勘经过路径的地面，并保持一定的平整度；

（3）履带有破损未检修，垫板数量不足，转弯面积受限，造成局部碾压垫板翘起伤人；

3. 防止方法

（1）在开始作业前的点检及定期自主检查时，要确认履带有无破损处，如果发现问题要及时进行修理、整备。

（2）铁质垫板数量应保证转弯半径需要；铺设铁质垫板时应将地面弄保持一定的平整度，尽量保持一个水平面。

（3）车辆通道和人行通道原则上要分开。如果空间不足无法分开时，应设立一个引导者或指挥员以确定优先顺序、引导交通，设置标志标示。

（六）驾驶员擅自做主找人顶岗替班，作业中未停机贸然下车，机体继续回转造成挤压事故

1. 事故经过

正在进行用液压挖掘机将装在翻斗车里的砂土刮平的作业，挖机操作人员有事离开，未通知作业主管就擅自临时找了替班机手顶岗。作业中，替班机手听到翻斗车驾驶员的呼唤后，急忙停止作业，慌乱中直接下车未关机停机，导致挖掘机大臂继续回转，挤压机手受伤。（图 4-91）

图 4-91　作业人员未获授权，顶班人员擅离岗位未停机造成事故

2. 原因分析

（1）挖掘机操作人员为机手替班人员，没有得到雇主或现场作业主管授权，未与机手工作交接；替班机手工作中只听到翻斗车驾驶员的呼唤，未理会并遵从作业中指挥员统一指挥信号。

（2）顶班人员没有获得主管授权，操作能力未经过雇主和主管考核通过就擅自上机；无关人员进入作业区域，现场无统一的作业指挥者。

（3）预先进行作业顺序、方法的探讨，然后要清楚告知相关人员。

3. 防止方法

（1）从液压挖掘机等建设机械的驾驶座上离开时，要将铲斗放下，停止发动机、拔出钥匙。另外还要将操作杆等的安全锁锁住。

（2）作业人员的服装方面，要把袖子、衣摆纽扣以及带子等弄好，不要使它们勾到操作杆等。

（3）对建设机械的操作机手要进行全面的综合安全教育，做好现场权限分工管理和安全交底。

（七）利用挖掘机机械实施建筑物拆迁解体作业事故

1. 事故经过

利用装上爪盘的液压挖掘机进行房屋解体作业中，挖掘机操作员欲将解体的废弃建材装到拖车上去。此时，在拖车平台上有工作人员正进行将废弃建材铺平的作业，液压挖掘机夹着废弃建材进行右回转装运动作时，造成废弃建材整理人员被扫倒翻滚坠落死亡（图 4-92）。

2. 原因分析

（1）挖掘机工作回转半径内未清场和驱离无关人员。

（2）未配备统一的现场指挥人员。

（3）挖掘机操作员和拖车人员均没有正确履行相互安全提示和作业动作配合。

正确方法：

（1）工作时应清场，液压挖掘机回转半径内不准人员入内。

（2）要配备一个进行作业指示的现场指挥人员。

错误操作　　　　　　错误操作　　　　　　正确操作

图 4-92　液压挖掘机进行房屋解体作业与拖车的配合

（3）在狭窄的现场不要进行液压挖掘机的急回转操作。

（八）擅自利用挖掘机铲斗吊装石块，装车过程中重物掉落伤人致死

1. 事故经过

在宽度为 4.1m 的道路上，挖掘用于埋设水管的沟槽。在挖掘一个 200kg 左右的石块时，欲使用翻斗汽车装运该石块。汽车司机提出让现场机手用液压挖掘机配合，于是挖掘机手就用链条、铁线等将石头直接捆扎，利用铲斗动作直接往翻斗汽车上吊运。空中转运过程中，石块从空中掉落，砸中臂下人员造成伤亡（图 4-93）。

错误操作　　　　　　错误操作　　　　　　正确操作

图 4-93　利用挖掘机铲斗吊装施工物

2. 原因分析

（1）违规使用挖掘机铲斗进行吊装作业。

（2）未使用挖掘机专用吊装作业工具。

（3）挖掘机铲斗空中运动路径经过人员上方。

（4）无关人员未清场，旁站人员未远离危险区域。

3. 防止方法

（1）基于施工作业方案，在不得不用液压挖掘机等进行吊运作业配合时，应首先确定统一的现场信号手势，同时要指定一名配合信号人员，共同进行作业信号确认。现场人员均应服从专职信号员的调度指挥。

（2）有可能由于物体滚落而给劳动者造成危险的场合，要禁止无关人员入内。

（3）关于吊装作业，现场主管和机手要充分研究讨论其工具、方法，并且要认真实行。

（九）利用挖掘机铲斗吊装重物过程中，车体重心失稳整机倾覆致人死亡

1. 事故经过

水库工地上，要将堤坝上的大面积铁板（6000mm×150mm×20mm）撤掉。准备用液压挖掘机将其吊起来，通过大臂回转动作，再装到后侧的拖车上去。作业中，液压挖掘机吊起铁板进行右旋转时，左侧履带翘起，整个液压挖掘机失稳并翻落到水库，机手死亡（图4-94）。

错误操作　　　　　　错误操作　　　　　　正确操作

图 4-94　液压挖掘机吊装重物转体后，重心失稳整体倾覆

2. 原因分析

（1）作业前没有研究吊装方法和正确估算吊装物体重量。

（2）没有充分考虑挖掘机与拖车的位置、动作路径中的危险因素。

（3）挖掘机吊装方面的工作能力相对大铁板重物明显不足，旋转后移位造成重心失稳。

3. 防止方法

（1）使用拥有合适能力的专用移动式吊车，并应始终保持作业过程车体重心的正确位置。

（2）操作人员必须具备基本知识和基础能力，并接受岗前安全技能培训与现场交底。

（3）研究制定作业方案，研讨适合的吊装方法，做好危险因素应对。

（十）利用液压挖掘机铲斗吊装管道，交叉作业引起人员碰撞死亡

1. 事故经过

利用液压挖掘机铲斗处的吊钩将管道（约1.2t）吊到沟（深度4.7m）的下面，想要进行埋设管道作业。管道在下降途中，碰到了沟的横梁。缆绳慢慢从吊钩滑脱，管道滑落直接击中工作人员，造成死亡（图4-95）。

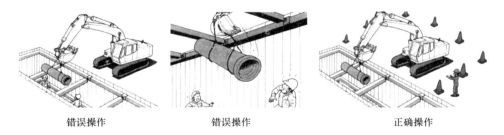

错误操作　　　　　　错误操作　　　　　　正确操作

图 4-95　利用液压挖掘机铲斗处的吊钩实施管道埋设发生碰撞

2. 原因分析

（1）超出挖掘机用途，擅自吊装作业。

（2）未制订作业方案和研究吊装方法；没有清理现场人员和正确设置安全标示。

（3）吊具受损失效，没有事先检查出来；没有使用防脱落装置。

（4）现场存在交叉作业，未及时清场。

3. 防止方法

（1）不得用于规定用途之外的场合及工况。

（2）作业开始前对吊钩进行点检。

（3）常备并使用吊钩的防脱落装置。

（4）作业前要有工作授权，人员不要驻留在悬吊物体的下方。

（十一）利用液压挖掘机铲斗吊装管道，未使用专用索具且固定不牢，引起人员伤亡事故

1. 事故经过

埋设水管施工现场，液压挖掘机用铁绳索从水管（重量 53kg）的中间部位将水管吊起来并进行移动（图 4-96）。为了防止水管摇晃，工作人员用手扶着水管。机手为了躲避前方路上的石头，紧急改变液压挖掘机的行走方向。被吊着的水管产生较大的摇晃，扶着水管的工作人员倒在地上，被液压挖掘机挤压到而死亡。

错误操作　　　　　　　　错误操作　　　　　　　　正确操作

图 4-96　挖掘机配合管道移动作业

2. 原因分析

（1）未使用管道专用吊具装置。

（2）工作路径留有杂物，清场不彻底。

（3）未进行三级安全交底和设置专职指挥员，统一协调作业信号。

3. 防止方法

（1）实行对液压挖掘机行驶路上的障碍物进行预先清除等安全措施。

（2）不要对液压挖掘机进行急操作等，对机手进行彻底的教育。

（3）注意建立统一的指挥指令并落实使用。

（十二）利用液压挖掘机铲斗吊装电杆，缆绳吊钩滑落，重物伤人致死事故

1. 事故经过

某公路线路电杆竖立作业，现场工人叫来两台挖掘机配合吊装混凝土电线杆，利用钢丝绳套住电线杆，通过挖掘机大臂吊起竖立。其中一台出现了钢丝绳套从电线杆上滑出，电线杆甩出落地砸伤地面配合作业人员。另一台挖掘机机位因履带单侧出于公路边沿的软土区域，吊装中造成机体基底塌陷翻车，驾驶员受伤（图 4-97）。

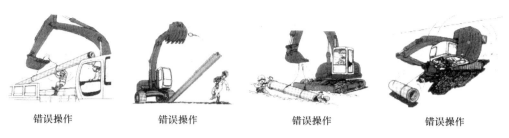

图 4-97　挖掘机配合吊装竖立电线杆施工作业

2. 原因分析：

（1）为研究吊装方法，制订预案；未使用专用吊装锁具且捆扎不牢。

（2）未及时清场，现场没有统一指挥人员和统一指挥信号。

（3）挖掘机工作状态，大臂下方不得站人。

3. 防止方法

（1）凡使用挖掘机吊装作业，必须进行预先研究方法，制定合理方案。

（2）做好现场清场和安全交底，驱离无关人员；指定信号员协调指挥。

（3）加强操作人员安全教育，落实设备作业安全告知事项。

（十三）驾驶室置放工具杂物引起误动作引发事故

1. 事故经过

液压挖掘机的机手在发动机未熄火的情况下离开驾驶室，随手将夹钳放到座位脚踏板附近；当他再次准备爬上驾驶室并试图把夹钳向里侧推入驾驶室的时候，夹钳恰巧碰到了左行走踏板，导致液压挖掘机误驱动向左后方向行走，机手当场被履带夹压而死亡（图4-98）。

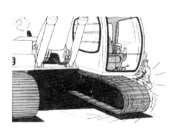

图 4-98　挖掘机驾驶室内禁止置放工具杂物

2. 原因分析

（1）未按照机器停放关机的正确步骤操控机器。

（2）未养成"随手随清""随手归位"等正确工作习惯。

（3）未养成"人走关机"和正确停放归位的习惯。

3. 防止方法

（1）离开驾驶室时，要将铲斗放到地面上，停止发动机，取出钥匙。

（2）不要将无关物件带入驾驶室。

（3）注意日常使用细节，养成良好习惯。

第六节 挖掘机的停放

本节内容包括履带式挖掘机停放时安全规程和安全注意事项等。

一、停放前的准备工作

把发动机控制表盘上的"1"钮转到最小位置（图4-99），低速空载运转发动机约5分钟，以使发动机冷却。关闭发动机转速控制功能开关。行走模式置于低速挡位。检查水温表、机油压力表或机油压力指示灯和燃油油位表。

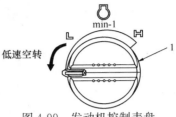

图4-99 发动机控制表盘

二、停放机器

将机器停放在坚实平坦的地面上（图4-100）。将铲斗降至地面，各操纵杆置于中位。

把先导锁杆"2（黑色箭头指向处）"置于锁定位置（图4-101）。把钥匙开关转到OFF，从钥匙开关上取下钥匙。

图4-100 正确停放姿势

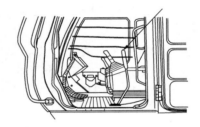

图4-101 先导锁杆置于锁定位置后才能熄火取下钥匙

三、长期停机的注意事项

液压挖掘机长时间停放，可能会造成各个部件的损坏。为了防止这种情况的发生，请采取下列措施：

（一）保持履带清洁，将机器停放在干燥安全的坚实地面上，如果存放在室外，遮上防水罩（图4-102）。

（二）清洗挖掘机，用水冲洗行走部分及铲斗上粘附的沙土（图4-103）。

图4-102 加遮防水罩

图4-103 清洗机器

（三）如果驾驶室和盖罩类的油漆脱落，应该补漆以便防锈（图 4-104）。

（四）检查各个部件，修补破损的部分。另外，配管或橡胶软管漏油时，应该拧紧或更换。

（五）给前端附件的销轴回转支承"回转齿圈"中央回转等部分加润滑脂（图 4-105）。

（六）检查机油"回转装置"、"泵"、"液压油箱"、"燃油箱"、"行走减速装置"等的油量。油量不足时，应该补充指定的油品，并加到规定范围。如果油被污染，应该换油并清理。

图 4-104　机体罩壳破损及时补漆防锈

（七）清扫空气滤芯，更换燃油"机油"液压油滤芯等（图 4-106）。

图 4-105　回转部位及时加润滑脂

图 4-106　及时更换三滤

（八）将"散热器"、"发动机"内的冷却液换成清洁的冷却液或混合放入防锈剂的软水（图 4-107）。在冬季应使用防冻液，或者完全放掉水箱中的冷却液。如果冷却系统被放空，务必在机器醒目处放置"散热器内无水"的标牌（图 4-107）。

（九）使各油缸缩到最短行程，以便活塞杆外露部分用刷子或喷枪涂上液压油，防止腐蚀（图 4-108）。

（十）在蓄电池充足电后，拆下蓄电池并将其存放在干燥的安全地点。如果不进行拆除，则从负极端子上面分离蓄电池负极电缆的连接。

图 4-107　正确使用防锈剂和冷却液

（十一）为了防止驾驶室的玻璃破损，罩好防护罩，锁好车门。并妥善保管相关工具。

（十二）长期存放机器，应至少每月一次操

图 4-108　活塞杆外露涂液压油作业图

作行走，回转和挖掘的液压功能2～3次，以使运动零件的表面上附上一层新的油膜，以润滑各个部位。此时，应注意检查有无冷却及润滑油。同时，应对蓄电池进行充电。对于装有空调的机器，要运转空调。

四、特殊环境下停机的注意事项

（一）泥浆地、多雨或多雪天气

清扫机器并检查是否有断裂、损坏、松动或者遗失的螺栓和螺母。清扫过后立即润滑全部必要的零件。

（二）在海边、盐湖地区或化工厂矿

当机器作短时间停机时，收回油缸活塞杆，以尽可能多的收回活塞杆的姿势停放机器，防止活塞杆被腐蚀性气体、盐分等腐蚀损坏（图4-109）；

当机器长时间停机时（如1小时以上），收回油缸活塞杆，对未完全收回的活塞杆，请按下述步骤进行日常保养：

1. 用清水彻底清洗活塞杆，以去除活塞杆上的油污、腐蚀性盐分等，没有清水时，用干净棉纱擦掉粘在活塞杆外露部分的盐分；油缸头部设有防尘密封件，但从外面施加压力时，水有时会进入油缸内部。故用喷枪进行清洗时，应避免直接喷射油缸头部（图4-110）。

图4-109　水中作业

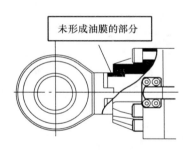

图4-110　油缸头部示意图

2. 用干净的布擦干暴露的活塞杆。

3. 在已干净的活塞杆表面均匀涂敷液压油，以形成保护层，使活塞杆免受腐蚀。

（三）多石地面

检查是否有断裂、损坏和遗失的螺栓和螺母。

（四）冰冻天气

将机器停放在坚实地面上，以免履带冻结在地上。

（五）落石地区

选择安全的停机地点，以防止机器被落石损坏。

第七节　挖　掘　机　的　运　输

本节内容包括履带式挖掘机运输时的安全规程和安全注意事项等。

一、路上运输注意事项

（一）在公路上运输机器时，首先应了解并遵守所有相关的法律法规。

（二）用拖车运输时，对用来装载机器的拖车的长宽高和重量进行核实。注意：运输重量和尺寸可能会因所装的履带板种类或前端附件而异。

（三）事先考察运输路线的状况。如尺寸、重量限制和交通规定（图 4-111，图 4-112）。

（四）有时需分解机器，以满足运输规定的尺寸或重量限制。

（五）在运输挖掘机途中，禁止操作机器；注意固定防止滑移。

图 4-111　拖车运输挖掘机图

图 4-112　国内公路运输

（六）运输尺寸应与沿途路桥涵洞等限高限宽规定实现协调.（图 4-113）。

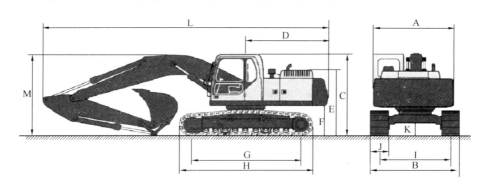

A	上部机构总宽度	E	发动机罩总高度	I	轨距	M	动臂总高度
B	总宽度	F	配重离地间隙	J	履带板宽度		
C	驾驶室总高度	G	轮距	K	最小离地间隙		
D	尾部回转半径	H	下部行走体长度	L	总长度		

图 4-113　运输尺寸示意图

二、装卸的要求和注意事项

装卸时务必使用斜面或装卸台：

（一）装卸前，彻底清扫斜面或装卸台和拖车道板。粘有油污、泥土或冰的斜面、装卸台和拖车道板有打滑的危险。要确保坡道表面清洁，无水、雪、冰、润滑脂或油。

（二）使用斜面或装卸台，要在车头和拖车的车轮下放置好挡块。

（三）装卸台或斜面必须有足够的宽度和强度支撑机器，并有一个小于 15°的坡度。当利用堆土坡时，要完全压实堆土，并采取措施防止坡面塌陷。

（四）装卸作业时，应指定一名作业指挥人员，在其指挥下进行作业。

（五）装卸作业所选定场所，应是坚固平坦的地面。同时需要与路之间有相应距离。车辆必须实行停置刹车，并设置挡块。雨天、积雪时的装卸作业，应采取防滑措施。

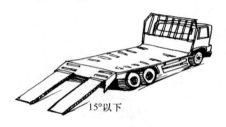

图 4-114　安装拖车道板

（六）引导车辆等货箱的道板，应具有足够的强度，以承受装卸时的重量。为了不使道板从货箱脱落，宜采用带爪式道板（图 4-114）。

（七）在装卸机器时，一定要关闭发动机转速控制功能开关，以避免因不小心操作某一操纵杆而引起的机器速度的意外增加。

（八）应总是将行走方式开关设定在低速方式上，因为在高速方式上时，行走速度有可能自动增加，而车速过大可能引起冲击，装卸作业会有危险。

（九）在寒冷天气，务必在装卸机器前进行暖机操作，在暖机操作时，不要装卸机器。

（十）在驶上或驶下斜面时，回转是极其危险的，机器会有翻倒的危险，必须避免。如果有回转锁定开关，必须施加锁定。如果需要转向，应首先返回到地面或拖车平板上，然后修正行走方向，再通过斜面。

（十一）当在拖车上回转上部回转体时，拖车是很不稳定的，可能会发生机器倾倒及导致人员的受伤。因此要收回工作装置并缓慢地回转以获得最佳的稳定性。

（十二）斜面顶端与拖车平板的相汇处成突起状，在经过这里时，机器的重心会突然改变，存在着机器失去平衡的危险。因此，在跨越这个部位时要缓慢地行走。

（十三）在道板上不得操作除行走操纵杆以外的操纵杆。

三、装车

机器的方向如下：

带有前端附件：把前端附件置于前部向前行走（图 4-115）。不带前端附件：倒退行走（图 4-116）。

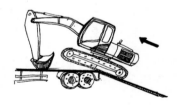

图 4-115　装车姿势（一）

图 4-116　装车姿势（二）

（一）机器的中心线应该在拖车的中心线上。

（二）缓慢地把机器开上斜面。带有前端附件。

1. 把铲斗的底面支撑在拖车上，斗杆与动臂的夹角应该在 $90°\sim110°$ 之间（图 4-117）。

2. 在机器经过斜面顶端与拖车平板的相汇处时，把铲斗支撑到拖车上。缓慢的向前行走，直到把履带全部开上拖车并稳固地接触在平板上为止（图 4-118）。

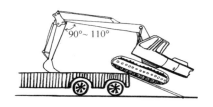

图 4-117　装车时斗杆与动臂角度

图 4-118　无前端附件装车图

3. 稍微提起铲斗，收入斗杆并使其保持在下方，缓慢地将上部结构旋转 $180°$。

4. 把铲斗降到枕木上。

（三）停下发动机，从开关上取下钥匙。

（四）操作几次操纵杆，直到液压缸中的压力被释放尽为止。

（五）把先导锁杆拉到锁住位置。

（六）关上驾驶室的窗子、通气天窗和门，罩上排气口，以防风雨进入。

（七）盖好遮蔽或保护篷布，保护好设备。

四、固定机器

运输时，装载的货物会发生震动或前后移动，需要用钢丝链条或钢索牢固地将挖掘机固定在车厢上。

（一）把机器的四个角和前端工作装置固定到拖车上。把链条或钢索系在机器的车架上。不要将链条或钢索穿过或压在液压管道或软管上。

（二）在履带的前面和后面放上挡块以固定机器（图 4-119）。

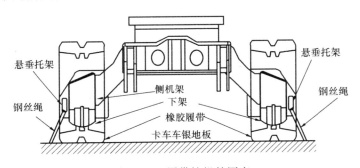

图 4-119　履带挖机的固定

（三）运输时，装有橡胶履带的机器应固定在卡车车厢上，钢丝绳不能直接挂在橡胶履带上。应如图 4-119 把钢丝绳挂在悬垂托架上，牢固地固定在卡车车厢的地板上进行运输。

（四）检查机器是否装载在拖车的中心位置，同时确认拖车有无倾斜。

（五）如果有工作装置，应将铲斗斗杆收回．然后缓慢降下动臂，让铲斗靠上枕木，必要时调整垫木位置。

（六）收音机的天线若有一定要缩回原状。

（七）锁上驾驶室门锁及侧门。

（八）验证拖车等无异常后，还应注意运输中的机器还可能发生振动，应将机器用链条或钢索等固定。

（九）最后再次确认装载状态、固定状态、防护状态等情况，保证安全。

五、卸车

卸车前一定要做挖掘机起动前的各项检查工作，以保证安全（图4-120）。

（一）在机器行驶到拖车平板与斜面顶端相汇处时，把铲斗的底面支撑在地面上，斗杆与动臂的夹角应该在 90°～110° 之间，为防止液压缸可能发生的损伤，不要让机器的铲斗与地面发生剧烈的碰撞（图4-120）。

（二）必须在机器开始向前倾斜之前把铲斗放在地面上（图4-121）。

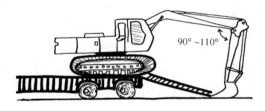

图 4-120　卸车（一）　　　　　　　　图 4-121　卸车（二）

（三）机器在斜面行驶过程中，缓慢提升动臂并伸展斗杆，直到把机器履带完全与斜面接触。

（四）防止前端附件可能发生的损伤。卸车时，始终保持斗杆与动臂的夹角成 90°～110°。

第八节　执行标准规范

以下标准规范和挖掘机安全作业密切相关，学习者可进行延伸阅读，提高标准化素养。

一、《液压挖掘机　技术条件》GB/T 9139－2008

该标准规定了液压挖掘机的分类，要求，试验方法．检验规则，标志、包装、运输和贮存，适用于工作质量不大于200t的液压挖掘机。

二、《土方机械　安全第5部分：液压挖掘机的要求》GB 25684.5－2010

该标准规定了液压挖掘机的安全要求，并给出了液压挖掘机的图例。该标准与 GB 25684.1（规定了土方机械的通用安全要求）合并使用，其特定要求优先于 GB 25684.1

的通用要求。该标准适用于 GB/T 8498 定义的液压挖掘机，同时规定了本范围的土方机械在制造商指定用途和预知的误操作条件下应用时，与其相关的所有重大危险、危险状态或危险事件；并规定了在使用、操作和维护中消除或降低重大危险、危险状态或危险事件引起的风险的技术措施。

三、《土方机械　司机培训方法指南》国家标准 GB/T 25623－2010

该标准规定了土方机械司机培训课程的内容与要求，该标准不规定司机操作能力的熟练过程和评估过程，因为这部分内容应由国家培训方法和管理规程进行规定。该标准适用于 GB/T 8498 定义的土方机械。

四、《土方机械　操作和维修技工培训》国家标准标准号为 GB/T 25621－2010

该标准规定了土方机械的技工培训，该标准没有规定评定熟练程度或资格的任何程序，这些内容应按国家的相关规定执行。该标准不会取代任何适用的国家法规或标准。该标准适用于 GB/T8498 所定义的土方机械。

五、《土方机械　操作和维修　可维修性指南》国家标准标准号为 GB/T 25620－2010

该标准规定了如何将结构特点与维修保养相结合的指南，以提高 GB/T8498 所定义的土方机械的安全性、有效性、可靠性、易于维修和保养操作性。

六、《建筑施工土石方工程安全技术规范》行业标准号为 JGJ 180－2009

该规范适用于工业与民用建筑及构筑物工程的土石方施工与安全。

七、《建筑深基坑工程施工安全技术规范》JGJ 311－2013

主要技术内容包括：1 总则；2 术语；3 基本规定；4 施工环境调查；5 施工安全专项方案；6 支护结构施工；7 地下水与地表水控制；8 土石方开挖；9 特殊性土基坑工程；10 检查与监测；11 基坑安全使用与维护。

八、其他：遵守高处拆除作业工况、建筑物拆除及其他对应工况的相关标准规范。

第九节　常用施工工法

一、深基坑开挖施工工法

（一）施工依据

1.《工程地质勘察报告》

2. 工程施工图设计

3. 施工采用的规范、规程及国家和地方相关标准。

《建筑地基基础工程施工质量验收规范》GB 50202 - 2013

《建筑基坑支护技术规程》JGJ 120 - 2012

《建筑边坡工程技术规范》GB 50330 - 2013

（二）施工准备

1. 施工现场准备工作包括：

（1）落实土方开挖作业现场夜间照明。

（2）落实用电线路。

（3）制订事故应急措施，成立应急领导小组。

（4）贯通施工道路、踏勘现场，了解地上、地下物、干涉及交叉作业等情况。

2. 土方开挖技术准备工作包括：

（1）开工前做出施工场地区作业域划分与施工机械布局并做好各级技术准备及技术交底工作。

（2）配专职测量人员进行质量控制。

（3）认真执行开挖样板制，即凡重新开挖边坡坑底时，由操作技术较好的工人开挖一段后，经测量人员或质检人员检查合格后作为样板，继续开挖。施工人员换班时，要交接挖深、边坡、操作方法，以确保开挖质量。

（三）施工工艺与流程

针对工况、进度等要求，做出合理的分段、分层、分区域开挖方案，一般采用分层开挖，逐层支撑；先支撑后开挖的原则；交替施工，及时清理转运土方，加强观测，及时处置。

基本流程：编制土方施工方案→施工场地平整→结构基础桩施工→支护桩施工→降水井施工并预降水→土方开挖→基础结构施工→土方回填土方开挖顺序（图 4-122）

图 4-122　土方回填土方开挖顺序

具体挖掘工艺：

表层卸土→第一道支撑处沟槽开挖→第一道支撑安装（全部）→土方开挖→第二道支撑处沟槽开挖→第二道支撑安装→土方开挖（第二道支撑和土方开挖交替进行）→盲沟施工→垫层施工。

二、建筑物拆除作业工法

（一）施工依据

1. 工程施工图图纸与施工计划书

2. 施工采用的规范、规程及国家和地方相关标准

3. 《建筑拆除工程安全技术规范》JGJ 147 - 2016

4. 《建筑施工高处作业安全技术规范》JGJ 80 - 91

（二）施工准备

1. 技术准备

技术人员审阅图纸，了解并实地踏勘拆除工程涉及区域的地上、地下建筑及设施分布、建筑结构、水电及设备管道等情况。学习有关规范和安全技术文件。明确周围环境、场地、道路、水电设备管道、房屋情况等。向进场施工人员进行安全技术教育。

2. 现场准备

施工前认真检查各种管线，确认安全后方可施工。疏通运输道路，接通施工中临时用水、电源。切断被拆建筑物的水、电、煤气管道等。向周围群众告知并设置警戒标志。

3. 机械拆除设备、装载运输和材料准备

（1）在工地固定场所、现场醒目位置应设安全警示标志牌，采取可靠防护措施，实行封闭施工。

（2）施工影响范围内的建筑物和有关管线的保护符合要求，相邻管线必须经管线管理单位采取管线切断、移位或其他保护措施；开工前察看施工现场是否存在高压架空线，拆除施工的机械设备、设施在作业时，必须与高压架空线保持安全距离。

（三）施工工艺与流程

1. 安全要求

每栋楼拆除前先用安全人员检查每个房间，在确定无人员后方可进行拆除作业，拆除时楼门要堵严防止他人进入，安全员要巡视发现情况用对讲机通知司机立即停止作业。

2. 施工顺序

（1）采用机械及手动工具相结合进行人工拆除建筑，施工程序应从上至下，分层拆除，按板、非承重墙、梁、承重墙、柱顺序依次进行；同时依照先非承重结构后承重结构原则进行逐级拆除。

（2）屋檐、阳台、雨篷等容易失稳的外挑构件，先予拆除。

（3）拆除框架结构建筑，须按楼板、次梁、主梁、柱子的顺序进行。拆除建筑栏杆、楼梯、楼板构件，应与结构整体进度配合，不得先行拆除。

（4）建筑承重梁、柱，应在其所承载的全部构件拆除后，再进行拆除。

（5）墙体倾倒方向要一致，一点一点拆除，不要使墙体大面积塌落，禁止倒塌拆除，减少扬尘产生。

（6）主体拆倒后用大型挖掘机带破碎锤将水泥梁、柱、残墙等进行破碎，大块解体建筑构件使用液压镐进行破碎，在远离机械的位置，工人用气割将钢筋切除。

（7）正确使用挖掘机进行一次翻运，二次倒运，将楼房内未破碎完的大梁、柱子、残墙甩出，再用破碎机进行二次破碎。拆除至室内地平，再进行渣土翻倒，用挖掘机将渣土团堆，组织自卸汽车将渣土有计划有步骤外运出场。

第五章　日常维护与保养

本章只针对最为常见的柴油直喷发动机为动力的挖掘机进行叙述。

对于电喷发动机、天然气发动机的日常保养，请遵循制造商提供的随机设备手册的规定。

第一节　日常检查要领

一、日常检查项目

日常检查是机器起动前对机器所进行的必要的确认，以避免在操作过程中产生机器损坏、人员伤亡等安全事故，因此非常重要。主要包括以下几个方面：

（一）检查控制开关和仪表。

（二）检查冷却液、机油和液压油的液位。

（三）检查软管和管路的泄漏、扭结、磨损或损坏。

（四）绕机器巡回检查一般现象、噪声、热量等。

（五）检查零件的松动和遗失。

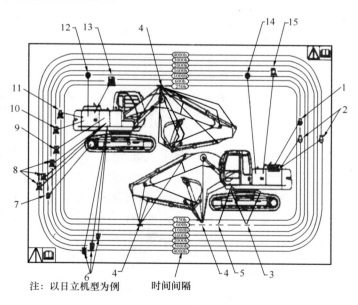

图 5-1　保养位置图

在进行日常检查前，应熟读随机配备的《操作人员手册》，并在操作过程中遵循下文列出的安全注意事项。保养时请参考图 5-1 的《保养位置图》及表 5-1《保养位置表》。

二、日常检查的注意事项

保养位置表　　　　　　　　　　　　　　　　　　　　　　　表 5-1

编　　号	项　　　目	编　　号	项　　　目
1	发动机油	9	液压油主过滤器
2	长寿命防冻液	10	液压油先导过滤器
3	润滑脂	11	液压油机油过滤器
4	润滑脂	12	泵传动装置齿轮油
5	润滑脂	13	燃油过滤器
6	液压油	14	回转装置齿轮油
7	行走装置齿轮油	15	空气滤清器
8	液压油吸油过滤器		

（一）检查控制器和仪表

开机前将钥匙开关打开至“ON”（图 5-2 中 1）位置，观察各指示灯是否有异常（注意：还未检查机油和冷却液的液位，此时请勿起动发动机）。

检查仪表盘及开关盘是否正常，内容主要包括：

1. 各指示灯工作是否正常。

2. 燃油表指示是否正常。

检查燃油表（图 5-3 中 2），若燃油油量偏低，请加油。加注燃油时，一定要在停机状态下，且加油现场应严禁明火。

图 5-2　钥匙开关

目前，绝大多数液压挖掘机使用的燃油是柴油，加注柴油的牌号应符合施工环境温度的需要，且只使用高品质的柴油（GB 252）不可使用煤油。一般：使用 0 号（4℃以上）；冬季：使用－10 号（－5℃以上）；严寒地区：使用－35 号（－29℃以上）。若牌号不符，则可能导致柴油因受冻而结蜡，机器无法正常运转。

3. 显示器指示是否正常。

确认显示器（图 5-3 中 3）是否正常。

若指示灯损坏，请及时与指定的经销商联系：

若小时表的显示达到规定保养间隔时间，请进行相应的保养操作。

4. 各工作开关是否处于合适位置。

发动机控制表盘应处于低怠速位量。若以高怠速位置起动发动机，则很容易损坏涡轮增压器等发动机部件。

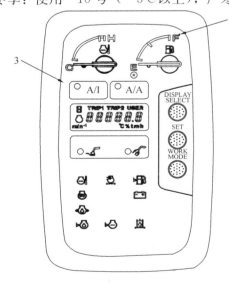

图 5-3　监测仪表盘

（二）检查冷却液、机油和液压油的液位

起动发动机前，必须亲自检查冷却液液

图 5-4　油尺检查

位和机油油位。发动机的机油和冷却液对于发动机的正常运转至关重要，这两项检查切不可少。

检查机油油位时，应注意正确的检查方法。第一次抽出油尺时，先用干净的布将其擦干净后放回。第二次抽出时，观察油位是否处于上下刻度线之间。因为第一次抽出油尺时，油尺所反映的机油油位可能是以前残留下来的，随着机器运转的消耗，已不能代表当前机油的油位。实际上，几乎所有的油位检查都要按照此步骤进行。

检查油位时，机器务必要停放在平整的地面上，否则检查出的油位可能是不准确的。刚关机后便检查油位也是不正确的。应该在停机 10 分钟以后再进行检查。

检查冷却液液位时，可通过观察副水箱的液位来判断。若副水箱内的液位处于上、下刻度之间，则不用打开散热器盖（图 5-5 中 1）进行检查。高温时直接打开散热器盖是十分危险的，请勿进行此操作。

进行检查时，请锁紧发动机罩盖及各侧门，防止意外关闭而导致受伤。

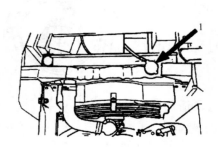

图 5-5　散热器盖

图 5-6　锁紧各侧门

悬挂"禁止操作"指示牌，防止在进行检查过程中有人误操作机器。请注意，不要用机器的仪表检查来代替您的亲自检查。因为机器的电路系统有时是会出故障的。

上述步骤完成后，起动发动机，将机器按照检查液压油油位的正确姿势停放（图5-7）。

以怠速转速空载运转发动机 5 分钟，转动钥匙开关至"OFF"位置，从钥匙开关上取下钥匙，把先导锁杆拉到 LOCK（锁住）位置。

图 5-7　正确的停机姿势

观察液压油箱上油位指示计，检查油位是否处于上下刻度之间。若液压油油量不足，请添加。添加时注意先释放油箱上方的压力释放按钮。

若停机姿势与检查液压油油位的姿势不一致，此时直接进行液压油油位的检查，检查结果是不正确的。

（三）检查软管和管路的泄漏、扭结、磨损或损坏

每天工作前都应检查软管和管路是否有泄漏、扭结、磨损或损坏等现象。扭结、磨损

的管路若不及时修理或更换，会导致损坏或泄漏等更大的安全事故。因此决不可对软管等的小毛病视而不见。

产生这些隐患的管路主要集中在燃油路、先导油路及主油路。因为挖掘机的液压油路一般压力较高，发现泄漏时应注意以下几点：

1. 压力下喷出的液体能穿透皮肤，导致重伤（图 5-8）。为防止受伤，应用纸板查找泄漏（图 5-9）。小心不要让手、身体、眼睛等部位接触到高压液体（图 5-10）。万一事故发生，立即到医院接受治疗。射入皮肤内的任何液体必须在几小时内进行外科去除，否则会导致坏疽。

图 5-8　皮肤直接接触泄漏管路　　　　图 5-9　眼睛直接接触泄漏管路

2. 外漏的液压油和润滑剂能引起火灾，造成人身伤亡。为防止此类危险，检查时应做到：

（1）机器停放在坚实平地上。将铲斗降至地面。关掉发动机。从钥匙开关上取下钥匙。把先导锁杆拉到 LOCK（锁住）位置。

（2）检查是否有遗失或松动的夹子、扭曲软管、相互摩擦的管道或软管，油冷却器是否损坏，其法兰螺栓是否松动，有无漏油。若发现异常，应进行更换或紧固，或与指定经销商联系。

（3）紧固、修理或更换任何松动、损坏或遗失的夹子、软管、管道、油冷却器及其法兰螺栓。不要弯曲或碰撞高压管道。绝对不可安装弯曲或损坏的软管或管道。

（4）拆卸液压管路前（图 5-11），应在停机状态下放下先导锁杆，操作各操纵杆以释放回路中的压力。但这样并不能完全释放压力，拆卸时应慢慢松开接头，人走开一点，以

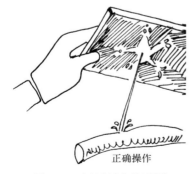

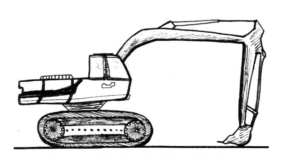

图 5-10　用纸板查找泄漏　　　　　　图 5-11　拆卸液压管路前的停机姿势

防液压油喷射出来。

（四）绕机器巡回检查一般现象、噪声、热量等

在机器起动的情况下，可绕机器一周检查机器，注意发动机、液压设备等的噪声、热量有无异常。

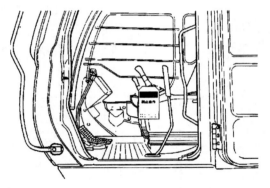

图 5-12 悬挂"禁止操作"牌

但是在进行此类操作时，应特别注意以下几点安全事项：

1. 将铲斗降至地面，拉起先导锁杆。

2. 在左操作手柄上悬挂"禁止操作"指示牌后，方可离开驾驶室（图 5-12）。

3. 如果条件允许，可请他人帮助看管驾驶室，防止有人在此期间误操作机器。

（五）检查零件的松动和遗失。

每天操作前应检查各部件有无零件的松动和遗失。主要包括以下几方面：

1. 铲斗齿的磨损和松动。在更换铲斗齿时，为了防止因金属片的飞出而导致的受伤，请佩戴护目镜或安全眼镜和适合作业的安全器具（图 5-13）。

2. 安全带的锁扣和连接件有无老化或磨损。如发现老化磨损的安全带应立即更换（图 5-14）。

注意：学习掌握安全带使用的正确方法，工作时请务必扣紧安全带。

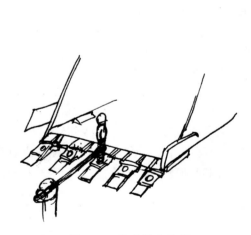

图 5-13 检查铲斗斗齿

图 5-14 检查安全带

第二节　日　常　保　养　要　领

作为一名合格的挖掘机操作人员，除了日常检查外，还应能够根据小时表进行安全、正确的保养。请严格按照厂家规定的保养时间间隔进行保养，并坚持使用厂家指定的纯正

零部件。

本节以最为常见的柴油直喷发动机为例进行叙述。近几年出现的电喷发动机、LNG压缩天然气发动机的日常维护，请查阅其供应商的设备手册和产品维护说明书。

尤其注意：对于智能型柴油电喷发动机的高压共轨系统，因其不可维修性造成后期使用系统更新的成本高昂，需要特别注意获得原厂专业技术人员维修指导，按原厂技术要求更换系统。

一、加润滑脂

在按照厂家的保养间隔为前端工作装置及回转滚盘加注润滑脂时，应注意以下方面：

（一）当机器在水、泥中或在极其严酷的条件下操作时，需要将前端工作装置润滑脂的加注时间缩短为每 8 小时。

（二）在最初 50 小时（磨合期）内，每天要润滑铲斗和连杆的销轴（图 5-15）。

（三）保养回转内齿圈时，先进行检查。若发现润滑脂状态完好，则不用添加或更换。

（四）给回转内齿圈添加或更换润滑脂时必须只允许指定一个专职人员去做。在开始工作前，撤离周围所有的人员（图 5-16）。

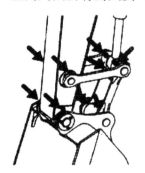

图 5-15　铲斗及其连接销轴的润滑

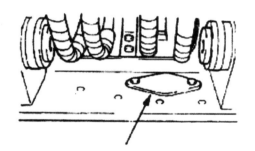

图 5-16　回转内齿圈的润滑

（五）润滑脂加注完毕后，应清理机器上及其周围多余润滑脂，以保证机器清洁并防止滑倒。

二、发动机

请严格按照厂家规定的时间间隔更换发动机机油

（一）机油的主作用（图 5-17（a），图 5-17（b））

1. 润滑、冷却、密封、清洗带走磨屑。

2. 正确使用油品维护保养。

（二）更换发动机机油时，应注意以下事项：

1. 先起动发动机以把机油暖热，但不要使机油过热。

2. 关机前应以低速空转速度空载运转发动机 5 分钟。

3. 关闭发动机，并将先导锁杆放在锁住的位置。

4. 排放机油时，机油也许相当热，小心不要被烫伤（图 5-18）。

5. 在盛放废机油的容器上蒙上一层清洁的白布．以过滤机油。排放完毕后检查布上

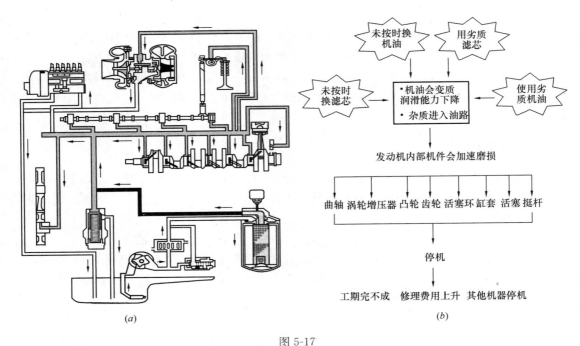

图 5-17

（a）机油的主作用图；（b）油品不良使用与维护保养因果图

是否留有金属碎屑等异物。如果发现此类异物，请立即与指定经销商联系（图 5-19）。

6. 换下的废油请勿随意排放，应送到指定的回收站。

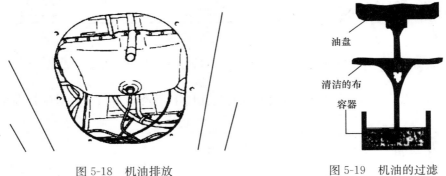

图 5-18　机油排放　　　　　　　图 5-19　机油的过滤

7. 在机油排放干净后，更换机油过滤器。

8. 机油添加至规定液位后，起动发动机，以低速空载运转发动机几分钟，观察监测仪表盘上的机油压力指示灯是否熄灭。如果不是，立刻关掉发动机并查找原因。

9. 以正确的方法检查机油的油位，如果不足，请立即补充。

三、变速箱

（一）泵传动装置齿轮油油位检查

1. 请严格按照厂家规定的时间间隔检查齿轮油油位。

2. 检查机器前，按照正确的停机方法停机。

3. 以正确的检查油位方法进行检查。

（二）泵传动装置齿轮油的更换

1. 请严格按照厂家规定的时间间隔更换齿轮油。

2. 更换齿轮油前，按照正确的停机方法停机。

3. 更换时，齿轮油有可能很烫，应等到油冷却后再开始更换。

4. 在盛放废齿轮油的容器上蒙上一层清洁的白布，以过滤齿轮油。排放完毕后检查布上是否留有金属碎屑等异物。如果发现此类异物，请立即与指定经销商联系。

5. 加入新齿轮油后，应检查齿轮油是否达到规定位置。

6. 请勿随意排放废油，应送到指定的回收站。

（三）回转减速装置油位检查

1. 请严格按照厂家规定的时间间隔检查齿轮油油位。

2. 检查机器前，按照正确的停机方法停机。

3. 以正确的检查油位方法进行检查。

（四）回转减速装置齿轮油的更换

1. 请严格按照厂家规定的时间间隔更换齿轮油。

2. 更换齿轮油前，按照正确的停机方法停机。

3. 更换时，齿轮油有可能很烫，应等到油冷却后再开始更换。

4. 在盛放废齿轮油的容器上蒙上一层布，以过滤齿轮油。排放完毕后检查布上是否留有金属碎屑等异物。如果发现此类异物，请立即与指定经销商联系。

5. 加入新齿轮油后，应检查齿轮油是否达到规定位置。

6. 请勿随意排放废油，应送到指定的回收站。

（五）行走减速装置齿轮油检查

1. 请严格按照厂家规定的时间间隔检查齿轮油油位。

2. 检查机器前，按照正确的停机方法停机。要使行走马达处于正确的位置（图 5-20）。即空气释放塞①竖直朝上，油位检查塞②水平，排放塞③竖直朝下。

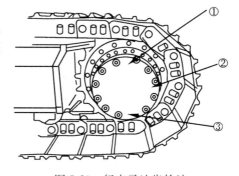

图 5-20 行走马达齿轮油

3. 检查机器前，按照正确的停机方法停机。

4. 检查油位前，先打开空气释放塞①。注意，保持身体和脸部远离空气释放塞。齿轮油是烫的，须等到齿轮油冷却后，才能慢慢地松开空气释放塞释放压力。

5. 打开油位检查塞检查油位。正常情况下油位应位于检查塞孔的孔底。若油量不够，请添加。

6. 塞子应用生料带包缠后拧回。

7. 另一只马达油位的检查同样需要注意以上问题。

（六）行走减速装置齿轮油的更换

1. 请严格按照厂家规定的时间间隔更换齿轮油。

2. 检查机器前，按照检查油位的方法停机。

3. 排放齿轮油前，先打开空气释放塞①。注意，保持身体和脸部远离空气释放塞。齿轮油是烫的，须等到齿轮油冷却后，才慢慢地松开空气释放塞释放压力。

4. 排放完齿轮油后，将新齿轮油加入到合适的液位。

5. 另一只马达齿轮油的更换同样要注意以上问题。

6. 请勿随意排放废油，应送到指定的回收站。

四、液压系统

在操作过程中，液压系统的部件会变得很热。在开始检查或保养前须让机器冷却。

1. 当保养液压装置时，确保将机器停放在平坦、坚实地面上。

2. 将铲斗降至地面，关掉发动机。

3. 在部件、液压油、润滑油完全冷却后才可开始保养液压装置因为在完成操作后不久，液压装置中残留有余热和余压。排放液压油箱内的空气以释放内压，并让机器冷却。注意：检查和保养高温、高压液压部件时，有可能引起高温零件、液压油的突然飞出、喷出，易导致人员受伤；因此在拆卸螺栓时，不要将身体和脸对着它们。液压部件即使在冷却后仍可能具有压力。绝对不要试图在斜坡上保养或检查行走和回转马达回路。它们会因自重而具有高压。

4. 当连接液压软管和管子时，特别注意保持密封表面无污物并避免损坏它们。请牢记以下注意事项：

用清洗液洗涤软管、管子和油箱内部，并且在连接之前彻底把它们擦干。使用无损坏或缺陷的O形圈。在组装中小心不要损坏它们。当连接软管时，不可使高压软管扭曲。被扭曲的软管的使用寿命将会大大地缩短。应谨慎地拧紧低压软管夹子，切不可过度拧紧它们。

5. 当加液压油时，应总是使用同牌号的油，不可混合混用不同牌号的油。不可使用厂家指定或推荐使用用油之外的油品。

6. 不可在液压油箱无油状态下运转发动机。

（一）排放液压油箱污物贮槽

1. 按照厂家规定的时间间隔排放液压油箱污物贮槽。

2. 为容易排放，在上部回转体旋转90°后将机器停放在平地上，斗杆伸出，铲斗收回降至地面（图5-21），使排放塞下部可以顺利放入油盆，防止污物污染环境。

3. 按照正确的方法关闭发动机。

4. 按压（图5-22中）压力释放按钮1来先释放液压油箱内的压力。

5. 注意，在油冷却之前，不可松开（图

图 5-21　液压油箱排污停机姿势

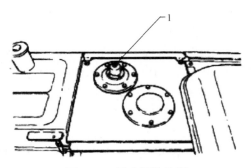

图 5-22　压力释放按钮

5-23中）排放塞2。液压油可能是热的，会造成
严重烫伤。

6. 在油冷却之后，松开排放塞2，排出水
和沉积物。不可完全移去塞子，只松开到恰好
足够排出水和沉积物为止。

（二）更换液压油、清洗吸油过滤器

1. 请按照厂家规定的保养间隔和推荐的液
压油的牌号来更换液压油。

2. 吸油过滤器无需更换，只需在每次更换
液压油的同时进行清洗。

3. 为容易操作，将上部回转体旋转90°后停
放在平地上，将斗杆完全伸出，铲斗完全收回，
铲斗降至地面（图5-24）。

4. 以正确的方式关闭发动机。

5. 清洗液压油箱顶部，避免污物侵入液压系统。

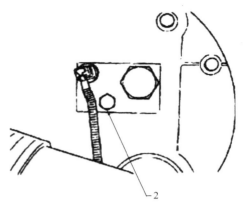

图 5-23　排放塞位置（某些厂家
的型号其位置可能不同）

6. 注意液压油箱具有压力，应按下（图5-25）液压油箱上的压力释放按钮1来释放
压力，然后小心地取下盖子2。

图 5-24　更换液压油停机姿势

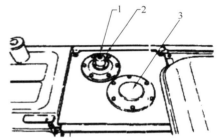

图 5-25　液压油箱

7. 请不要在液压泵无油时起动发动机，否则会损坏液压泵。

8. 加入新液压油后，应先对泵进行排气作业。

（三）更换液压油箱过滤器

1. 请按厂家规定的时间间隔更换过滤器。

2. 按正确的方式停机。

3. 注意，液压油箱是有压力的，须按下通气器上的压力释放按钮1来释放压力。

4. 在箱盖底部装有弹簧，具有一定的弹力。当移去最后两个螺栓时，须按住箱盖3。

5. 取下滤芯，检查过滤器罐底部是否有金属粒和碎屑。若发现过量的青铜和钢的粒
子，则表示液压泵、马达、阀已损坏或将要损坏。而橡皮类碎屑则表示液压缸密封可能
损坏。

6. 请使用厂家指定的纯正部件。

（四）更换先导油过滤器

1. 请按厂家规定的时间间隔更换过滤器。

2. 按正确的方式停机。

3. 注意，液压油箱是有压力的，须按下液压油箱上的压力释放按钮来释放压力。

4. 请使用厂家指定的纯正部件。

五、燃油系统

（一）排放燃油箱污物贮槽

1. 按照厂家规定的时间间隔排放燃油箱污物贮槽。

2. 为了容易排放，将上部回转体旋转90°，机器停放在平地上（图5-26）。

3. 按正确的方式关闭发动机。

4. 打开（图5-27）排放旋塞阀1几秒钟，排去水和沉淀物。关掉旋塞阀。

5. 不要误将（图5-27）旋塞阀2关闭。

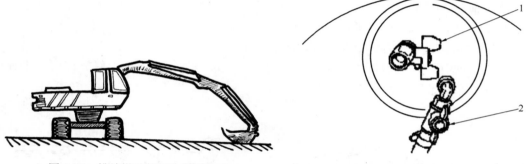

图 5-26 排放燃油箱污物停机姿势　　　　图 5-27 燃油箱污物排放塞

（二）检查油水分离器

1. 按照厂家规定的时间间隔检查油水分离器。

2. 如果燃油含有过量的水，缩短油水分离器的检查期间。

3. 排水之后确保从燃油系统中排出空气。

4. 在燃油系统里的空气会造成发动机起动困难或异常运转。在排放油水分离器中的水和沉积物，进行了燃油过滤器的更换，输油泵滤网的清洗或让燃油箱干燥之后，还必须确保排放出燃油系统中的空气。

5. 排气作业完成后，将溢出的柴油擦拭干净。

（三）更换燃油过滤器

1. 按照厂家规定的时间间隔更换燃油过滤器。

2. 为了安全和保护环境，当排出燃油时总是使用适当的容器。不可将燃油倒在地上、下水道、废气管道、水沟、河流、池塘或湖泊。应适当地处理废燃油。

（四）清洗输油泵滤网

1. 按照厂家规定的时间间隔清洗输油泵滤网。

2. 清洗前确认燃油箱污物排放旋塞"1"（图5-27）处于关闭位置。

3. 清洗输油泵滤网后，应排除燃油系统中的空气。

六、空气滤清器

当达到厂家规定的时间间隔或空滤堵塞指示灯点亮时，应对空气滤清器进行清扫，达到规定时间或清扫达到一定次数后，需要进行更换。

进行清扫或者更换时，应该注意以下几点：

（一）按照正确的方法停放机器。

（二）应用压力小于 0.2MPa（2kg/cm²）的压缩空气清扫外滤芯。清扫时应从滤芯内部向外吹，并提醒驱离周围人员；谨防飞扬的碎片，并穿戴好个人保护器具，包括护目镜或者安全眼镜。

（三）若在没有压缩空气的场合，可以用手轻轻地拍打外部滤芯，切不可在硬物上敲打。内部滤芯不用清扫，可在更换外部滤芯时进行更换。

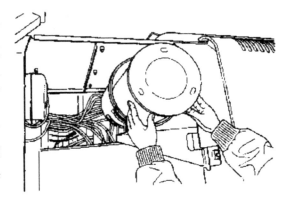

图 5-28　拆卸空滤

（四）若清扫空气滤清器后发现指示灯仍然点亮，则立即关闭发动机，更换滤芯（图 5-28）。

七、冷却系统

（一）系统作用与组成

作用当水通过散热器时，它受到风扇的冷却，然后流到底箱，并再次流到发动机以重复其冷却过程。

系统组成如图 5-29 所示：

1. 水泵：冷却水由水泵泵入，并通过油冷却器流入缸体。

2. 缸体：冷却水进入缸体水道，然后向上流向缸盖。

3. 缸盖：冷却水在热的燃烧室、进气门和排气门循环带走热量，然后通过分支歧管流向节温器。

4. 节温器：当冷却水温高时，节温器把水引到散热器。若冷却水水温正常，它把水直接送回到水泵。

（二）防冻液的调配

机器出厂时，一般加注的是厂家指定的长寿命防冻液。若需要自己调配防冻液，则须注意以下事项：

1. 冷却水：给散热器装进经过软化处理的纯净的自来水或瓶装水。

2. 防锈剂：更换冷却液时，在新冷却液中要加入一定量的防锈剂。但使用防冻剂时就不要再加防锈剂。

※参考：HITACHI ZAXIS200：0.46L。

3. 防冻剂：如果预测气温将下降到 0℃ 以下，应给冷却系统加入防冻剂和软水的混合液。防冻剂的比例请参考表 5-2，一般说来，在 30% 和 50% 之间。如果比率小于 30%，系统将生锈；如果比率大于 50%，发动机将过热。

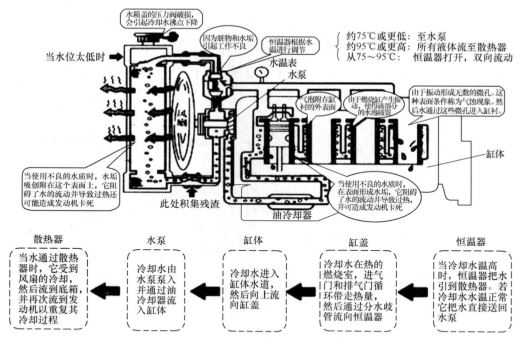

图 5-29　冷却系统组成与功能简图

不同温度下防冻液添加比例　　表 5-2

气温 （℃）	混合比率 （％）	加进容量	
		防冻剂公升（L）	软水公升（L）
−1	30	6.9	16.1
−4	30	6.9	16.1
−4	30	6.9	16.1
−11	30	6.9	16.1
−15	35	8.1	14.9
−20	40	9.2	13.8
−25	45	10.4	12.6
−30	50	11.5	11.5

（三）注意事项

1. 防冻液是有毒的。如果摄取，将造成严重的伤亡事故。一旦误饮，应引导呕吐并立即获得紧急医疗。

2. 在存放防冻液时，确保用密封盖及有明显记号的容器存放。把防冻液始终保存在儿童接触不到的地方。

3. 如果不小心将防冻液溅到眼睛里，可先用水冲洗 10～15 分钟然后获得紧急医疗。

4. 当存放或者丢弃防冻液时，务必遵守当地的有关规定。

（四）检查和调整风扇皮带张力

1. 按照厂家规定的时间间隔检查风扇皮带张力。

2. 磨合期内，应缩短检查时间。

3. 松弛的皮带有可能造成蓄电池充电不足，发动机过热以及快速、异常的皮带磨损。可是，皮带太紧会使轴承和皮带都受损坏。

4. 用98N（10kgf）按压风扇皮带，若挠度在8～12mm（此数据各厂家略有不同，请遵从设备使用手册）之间是正常的（图5-30）。

5. 若过松或者过紧，通过调节螺栓，调整至规定值（图5-31）。

6. 装上新皮带时，确保以低速空转速度操作发动机3～5分钟之后再次调整张力，以保证新皮带正确地就位。

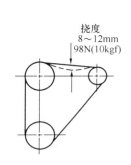 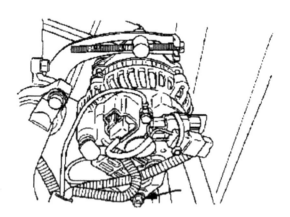

图 5-30　风扇皮带挠度标准　　　　　图 5-31　交流发电机

（五）更换冷却液（防冻液）

若机器所加冷却液不是长寿命冷却液，则需要每年更换两次（春季和秋季）。

（六）清洗散热器内部

1. 可以在更换冷却液时，对散热器内部进行清洗。

2. 在发动机冷却以前，不可直接打开散热器的盖子。缓慢地把盖子开到底，在移去盖子之前释放全部的压力。

3. 排放干净冷却液后，可以往散热器内部加注自来水和散热器清洁剂。起动发动机并以略高于低速空转的速度运转当温度表的指针到达绿色区域时，继续运转发动机大约十几分钟；然后关闭发动机，排放出自来水。

4. 重复上步骤，直至排出的自来水为干净的为止。加入调配好的新冷却液。

5. 加完冷却液后，让发动机运转几分钟。然后再次检查冷却液液位。根据需要，可再加入冷却液。

（七）清扫散热器、油冷却器芯和中间冷却器（中冷器）

包括：清扫油冷却器前方网罩；清扫空调机冷凝器

1. 注意使用低压（小于0.2MPa，2kgf/cm²）压缩空气进行清扫。驱离周围人员；谨防飞扬的碎片伤人，并穿戴好个人保护器具，包括眼睛防护用具。

2. 在多尘土环境下操作机器时，每天检查网罩上有无脏物和堵塞。如果堵塞，拆下、清洗并再装上网罩。

八、电系统

不适当的无线电通信装置和附件，以及不合理的安装方式都将影响机器的电子部件，易引起机器的异常转动。

不适当的电气装置的安装也有可能引起机器发生故障、失火。在安装无线电通信装置或附加电器部件，或者更换电气部件时，务必询问指定经销商。

绝对不要试图分解或改造电气、电子部件。如果需要更换或改造这些部件，请与指定经销商联系。

（一）蓄电池（图 5-32）

1. 注意蓄电池工作过程会产生气体，该气体能引起爆炸。应防止火花星和火焰接近蓄电池。用手电筒来检查电解液的液位，避免用眼睛凑近直接目测，以免吸入酸雾或者液体溅入眼睛（图 5-32）。

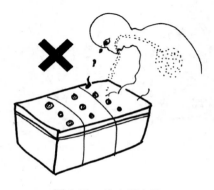

图 5-32　检查蓄电池

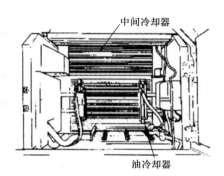

中间冷却器

油冷却器

图 5-33　蓄电池室

2. 当电解液液位低于规定时，不要继续使用蓄电池或给蓄电池充电。否则可能导致蓄电池爆炸。

3. 蓄电池电解液内的硫酸是有毒的，它有相当强的酸性，能灼伤皮肤，使衣服受蚀破洞。如果溅进眼睛，将造成失明。

4. 采用以下方法来避免危险：

（1）在通风良好的地方对蓄电池充电。

（2）戴上眼镜保护用具和橡皮手套。

（3）加电解液时，避免吸入酸雾。

（4）谨防电解液的溅出和滴落。

（5）使用适当的辅助蓄电池起动的步骤。

5. 如果溅到酸液：

（1）用水冲洗皮肤。

（2）使用小苏打或石灰来中和酸。

（3）用水冲洗眼睛 10～15 分钟，并立即获得医疗。

6. 如果酸被咽下：

（1）喝大量的水或牛奶。

（2）然后喝镁氧乳液，搅拌过的蛋液或者植物油。

（3）立即获得医疗。

7. 在冰冻天气，开始一天的作业前，或给蓄电池充电前，给蓄电池加水。

8. 如果在电解液液位低于规定下刻线的状态下使用蓄电池，蓄电池会很快老化。

9. 重新加电解液时，不要超过规定的上刻线。否则电解液会溅出，损坏油漆表面，腐蚀其他机器零件。

10. 万一在加电解液时液位超过上位线，或超出套筒的底端，用移液管吸出过量的电解液，直到电解液位降到套管的底端。务必用碳酸氢钠中和吸出的电解液，然后用大量的水冲洗掉。否则，请询问蓄电池制造商。

（二）电解液位检查

1. 至少每月检查一次电解液液位。

2. 把机器停放在平地上，停下发动机。

3. 检查电解液液位（图 5-34）

（1）在从蓄电池侧面检查液位时

用湿毛巾擦干净液位检查线部分。不要用干毛巾。否则可能会静电，引起电池气体爆炸。检查电解液液位是否在 U.L（上位）和 L.L（下位）之间。如果电解液位低于 U.L 和 L.L 之间的中间液位，立即补充蒸馏水或商业蓄电池液。在充电（操作机器）前，务必补充蒸馏水，补充后，拧紧加液塞。

（2）不能从蓄电池侧面检查液位时，或侧面上没有也未见检查标记时

取下蓄电池顶上的加液口塞，然后通过观察加液口检查电解液位。在此情况下，很难判断精确的电解液液位。因此，当电解液液位与 U.L（上位）平齐时，认为液位合适，参照图 5-34，检查电解液查液位。当电解液液位低于套管的底端，补充蒸馏水或商业蓄电池液，使液位到达套管的底端。在重新充电（操作机器）前，务必补充蒸馏水。补充液体后，拧紧加液塞。

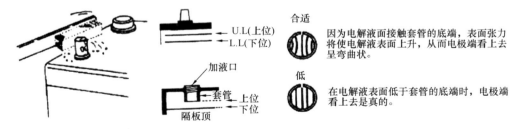

图 5-34 检查电解液

（3）在有指示器可供检查液位时，按照指示器的检查结果。

（4）始终保持蓄电池接线端部位的清洁，以免蓄电池放电。检查接线端是否松动、锈蚀，给接线端涂上润滑脂或矿脂，以防止腐蚀。

（三）检查电解液比重

1. 注意蓄电池的气体能引起爆炸。防止火花星和火焰接近蓄电池。用手电筒来检查电解液的液位。

2. 蓄电池电解液内的硫酸是有毒的，它有相当强的酸性，能灼伤皮肤，使衣服破洞。

如果溅进眼睛，将造成失明。

3. 不可用把金属物横放于接线柱上的方法来检查蓄电池电量。可使用电压计或者比重计。

4. 总是先脱开接地蓄电池夹子，并在完成全部检查工作后将其装上。

5. 避免危险的方法，详见本书"第五章，第一节，二、（三）1 条款"的内容。

6. 应在电解液冷却之后，检查电解液的比重。避免在刚完成设备操作作业后立即进行。

7. 检查每个蓄电池单元的电解液比重（图 5-35）。

8. 最低的电解液比重限度随电解液的温度而变。

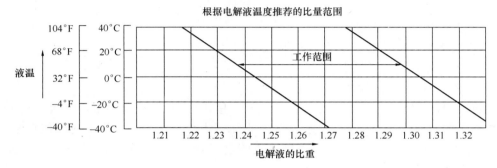

图 5-35　电解液比重范围

（四）更换蓄电池

机器上有 2 个串联的 12V 蓄电池。如果 24V 系统中的其中一个蓄电池失效而另一个仍很正常，则用同型蓄电池来更换失效的蓄电池。例如，以新的免维护蓄电池来更换失效的免维护蓄电池。不同形式的蓄电池不得混用，因为不同型号的蓄电池充电速度可能不同，混合使用会使蓄电池中的一个因过载而失效。

（五）更换保险丝

1. 如果电器设备不工作，应首先检查保险丝。保险丝位置/规格图表贴在保险丝盒的盒盖上。

2. 安装具有正确安培数的保险丝，谨防因过载而损坏电系统。

九、属具装置调整

（一）更换铲斗

注意在击出或者敲入连接销时，谨防被飞出的金属屑或者碎片击伤。戴上护目镜或安全眼镜和适合作业的安全器具。

（二）变换铲斗连接至正铲

注意，为给铲斗旋转 180° 提供充分的空间，在开始变换工作之前，让周围人员远离机器。如果使用信号员，在开始之前，要协调指挥信号。

（三）检查挡风玻璃洗涤液液位（需要时）

1. 经常检查挡风玻璃洗涤液液位。

2. 在没有洗涤液的时候，不可以起动刮雨器对挡风玻璃进行干刮。

3. 在冬季，要使用防冻的全季候挡风玻璃洗涤液。

（四）检查履带的垂度

1. 按照厂家规定的时间间隔检查履带的垂度。

2. 以正确的姿态检查履带的垂度（图 5-36）。

3. 如果垂度不在规格之内，可根据厂商的步骤来调松或调紧履带。

4. 调节履带的垂度时，要把铲斗降到地面，将一侧履带顶起，对另一侧履带也用同样的方法。每次都必须在车架的下部放入垫块，以支撑机器。

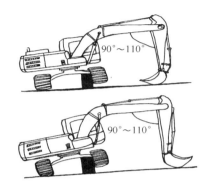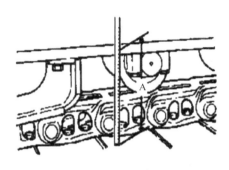

图 5-36　履带垂度的检查

5. 再次检查垂度。如果履带垂度还没有达到规定标准，应继续调节，直到获得正确的垂度为止。

6. 调松履带：

注意，不要快速地或过多地松开阀 1（图 5-37），否则，液压缸中的润滑脂会喷出。应谨慎地把阀 1 松开，且不要把身体和脸部对着阀 1。绝对不可松开润滑脂嘴 2。如果链轮与履带之间夹有碎石或泥土，应在调松履带前将它们清除掉。

7. 调紧履带：

要调紧履带时，可把润滑脂枪接在润滑脂嘴 2 上（图 5-37），加入润滑脂，直到履带垂度达到规定为止。

注意：若在按逆时针方向转开阀 1 后，履带仍然过紧；或者在往润滑脂嘴 2 中加入润滑脂后履带仍然松动，都属于不正常的现象。此时，绝不可试图拆卸履带或履带张紧油缸，因为履带张紧油缸内的高压润滑脂会带来危险。应立即与指定经销商联系。

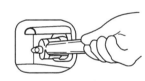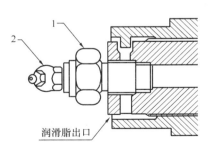

图 5-37　履带垂度的调节

（五）清扫和更换空调过滤器

1. 按照厂家规定的时间间隔清扫和更换空调的新鲜循环空气过滤器。

2. 若用压缩空气清扫，应注意压力要小于 0.2MPa（2kg/m²），并疏散周围人员，小心碎片的飞出，并穿戴个人防护器具，包括眼睛保护用具。

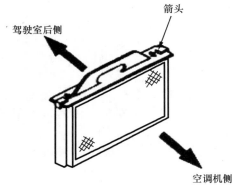

图 5-38 空调新鲜空气过滤器的清扫

3. 若用水冲洗，应注意：

（1）用自来水冲洗。

（2）用混有中性洗涤剂的水浸泡约 5 分钟。

（3）再用清水冲洗过滤器。

（4）干燥过滤器。

安装时，应注意新鲜空气过滤器的方向（图 5-38）。

（六）检查空调

夏、冬两季，应每天检查空调系统的运转情况。主要包括管道的泄漏、制冷剂量、冷凝器、压缩机、安装螺栓、皮带张紧力等。

（七）检查螺栓和螺母的紧固扭矩

按照厂家规定的时间间隔和数据来检查和紧固各连接螺栓。

（八）底盘保养

1. 在多岩石处工作时，应检查底盘的损坏程度，并检查螺栓和螺母的松紧度、裂纹、磨损和破裂等。保持适当的履带张力。在泥、雪地上操作时，泥雪会粘在履带的部件上导致履带过紧。参照制造商维护手册，调整正确的履带张力。

2. 当在这一地面上工作时，应将履带张紧装置稍微放松。

3. 洗车时的检查维护（图 5-39）注意事项：

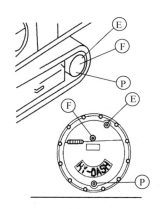

图 5-39　检查空调、支重轮和托带轮等

（1）千万不可直接对插头和机电元件喷水。

（2）不要把水洒在驾驶室内的监控器和控制器上。

（3）不可直接对散热器或油冷却器喷射高压蒸汽或水。

（4）工作前后的检查：

——在泥泞地、雨天、雪地或在海滩上开始工作之前，应检查螺塞和阀的松紧度。在工作之后应立即清洗机器，以保持机器不致生锈。

——此时，对各零件的润滑应比平时更频繁。如果工作装置的销轴浸于泥水中，应每天都要对销轴进行润滑。

——销轴销套干磨，温度会很高。戴上手套防止被烫伤。检查履带中是否有松了或断了的履带板、磨损或损坏的销轴销套。检查支重轮和托带轮。

——不要敲打履带的张紧弹簧，这些弹簧可能承受巨大的压力，突然断裂导致人员的伤害。务必遵循制造商关于履带维修的指导进行。

（5）检查终传动箱的油位，加油。

（6）对轮胎式挖掘机胎压检查和充气注意操作规范和人员防护。

（7）注意履带轮液压油箱检查必须等待冷却泄压后才可拆卸。

十、工作装置

注意：切勿采用三氯化合物清洗油箱内部。润滑油加注点分布如图 5-40 所示。

润滑：1. 将工作装置置于各润滑位置（图 5-40），然后将工作装置置于地面并停止发动机。

2. 采用一支黄油枪，按图示箭头号方向的黄油嘴泵入黄油。

3. 在润滑之后，将挤出的旧黄油擦净。

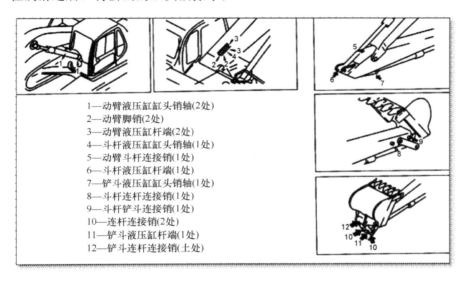

1—动臂液压缸缸头销轴(2处)
2—动臂脚销(2处)
3—动臂液压缸杆端(2处)
4—斗杆液压缸缸头销轴(1处)
5—动臂斗杆连接销(1处)
6—斗杆液压缸杆端(1处)
7—铲斗液压缸缸头销轴(1处)
8—斗杆连杆连接销(1处)
9—斗杆铲斗连接销(1处)
10—连杆连接销(2处)
11—铲斗液压缸杆端(1处)
12—铲斗连杆连接销(土处)

图 5-40　润滑油加注点分布图

十一、回转平台

（一）检查回转机构箱的油位，加油，如图 5-41 所示。

1. 取下量油尺 G，并用棉纱擦去尺的油。

2. 将量油尺 G 完全插入导套内。

3. 当量油尺 G 拉出后，如果油位在尺的 H 和 L 标记之间，油位是合适的。

4. 如果油位没有达到量油尺 G 的 L 标记线，通过量油尺插入孔 F 加注齿轮油。当重新注油时，应拆下放气塞①。

5. 如果油位超过油尺 G 上的 H 标记线，松开排放阀 P，排掉多余的油。

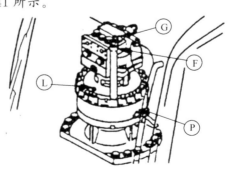

图 5-41　检查回转机构箱油位后正确加油

6. 在检查油位或加油之后，将量油尺插入孔内并装好放气塞①。

（二）从燃油箱中排出水和沉积物。

1. 在运行机器之前进行这一工作。

2. 准备一容器接排出的燃油。

3. 打开油箱底部的排放阀，并排出聚积在油箱底部的杂物和水。当完成这一工作时，应小心不要有油沾到身上。

4. 当只有清洁燃油流出时，才能关闭排放阀。

第三节 例行保养要求

一、每日保养

履带式挖掘机日常维护作业项目和技术要求，见表5-3。

其他相关维护保养项目与检查要求，参见附录2。

履带式挖掘机日常维护项目内容和技术要求 表 5-3

部件	序号	维护部件	项目内容	技 术 要 求
发动机	1	曲轴箱油面	检查、添加	停机面处于水平状态，油面应达到标尺上的刻线标记，不足时添加
	2	水箱冷却水量	检查、添加	不足时添加
	3	喷油泵调速器机油量	检查、添加	不足时添加
	4	风扇皮带	检查、调整	下垂 10～20mm
	5	管路及密封件	检查	消除油、水管接头的漏油、漏水现象 消除进排气管、气缸盖等垫片处的漏气现象
	6	仪表、开关	检查	仪表正确、开关良好有效
	7	喷油泵传动连接盘	检查	连接螺钉是否松动，否则应重新调校喷油提前角并拧紧连接螺钉
	8	紧固件	检查、紧固	螺栓、螺母、垫圈等紧固件无松动、缺损
	9	工作状态	检查	声音无异响、气味无异常、颜色浅灰
主体	10	液压油箱、密封、磁性滤清器及主滤清器	检查	（1）液压油容量符合规定、无泄漏，油质符合要求 （2）新车100h以内，每日检查磁性滤油器及主滤清器，应清洁有效
	11	操作机构	检查	各操作手柄无卡滞，作用可靠
	12	工作油散热器传动带	检查、调整	下垂 10～20mm
	13	液压油泵及传动轴	检查	作用可靠，无振动，无异常，无漏油现象
	14	回转滚盘及齿圈连接螺栓	检查、紧固	无松动、缺损

续表

部件	序号	维护部件	项目内容	技　术　要　求
主体	15	履带	检查、调整、清洁	（1）在平整路面上，履带下垂量为 40～55mm （2）清除履带装置上的泥土，用废机油润滑履带链节销
	16	驱动轮、导向轮、支重轮、托带轮	检查	无漏油现象、缺油时添加
	17	液压元件	检查	动作准确，作用良好，无卡滞，无泄漏
	18	管路接头、压板	检查、紧固	管路畅通，无泄漏，压板无缺损松动
	19	紧固件	检查	无松动，缺损
工作装置	20	液压油缸	检查	无泄漏，无损伤
	21	各铰接头号销轴销套	检查	磨损严重时，应予更换
	22	铲斗	检查、紧固	斗齿如有松动，应紧固；磨损超限时，应焊修
电气设备	23	蓄电池	检查	电解液应高出极板顶面 10～15mm
	24	起动机、发电机	检查	作用可靠，性能良好
	25	仪表、照明部分	检查	指示准确，作用有效
其他	26	整机	检查清洁	（1）清除整机外部粘附的泥土、杂物 （2）各连接件应无松动、缺损 （3）各操纵机构应操纵灵活、定位可靠
	27	工作状态	试运转	作业前进行空运转试车，待工作油温上升到 50℃，正常进行作业

二、定期检修保养

履带式挖掘机定期检修保养项目和技术要求，见表5-4。

定期检修保养应委托厂家指定的售后服务机构承担。

履带式挖掘机定期检修保养项目和技术要求　　　　表5-4

部件	序号	维护部件	作业项目	技　术　要　求
发动机	1	风扇传动带	检查	一组风扇传动带松弛度差超过 15mm 应换新
	2	机油滤清器	检查、清洗	拆洗滤芯，如破损应换新
	3	曲轴箱机油	快速分析	通过快速分析，不合格时更换
	4	机油泵吸油滤清器	检查、清洗	无污染、堵塞、破损，每100h清洗一次
	5	燃油滤油器	检查、清洗	清洗滤芯，滤芯及密封圈如有损坏，应换新
	6	空气滤清器	检查、清洗	每工作100h，清除集尘盆中的尘土，250h清洗滤芯，如破损应换新
	7	散热器、机油冷却器	检查、清洁	无堵塞、变形、破损、水垢等；如有漏水、漏油等应修补
	8	油箱	检查、清洗	无油泥、无渗漏，每500h清洗一次

续表

部件	序号	维护部件	作业项目	技 术 要 求
主体	9	液压油滤清器	检查、清洗	清洗滤清器，更换纸质滤芯
	10	液压油泵	检查、紧固	每500h（新车100h）检查并紧固油泵的进、出油阀
	11	液压油冷却器传动带	检查	传动带松弛度超过15mm换新
工作装置	12	回转平台、司机室机机棚	检查	各连接及焊接部位无裂纹，变形或其他缺损
	13	行走机构	检查	磨损正常，无漏油，行走制动器功能良好
	14	行走减速箱	检查	检查油面及油质，不足时添加
	15	液压油冷冻器	清洗	每500h清洗一次
	16	液压系统及液压元件	检查、调整	检测液压缸是否有内泄，液压缸铰接点轴及轴套磨损正常，无破损
	17	液压缸及铰接点轴套	检测	检测液压缸是否有内泄，液压缸铰接点轴及轴套磨损正常，无磨损
	18	动臂、小臂及轴套	检测	磨损正常，无裂纹、变形及其他缺陷
	19	铲斗	检测	磨损正常，无裂纹、变形及其他缺陷
电器及仪表	20	蓄电池	检查、清洁	电解液液面高出极板10～15mm，其相对密度为1.28～1.30（环境温度为20℃时不低1.27），各格相对密度不大于0.025，极桩清洁，气孔畅通
发动机	21	电气线路	检查	无接头松动，绝缘破裂情况
整体	22	仪表、音响、照明	检查	符合使用要求
	23	螺栓、管接头号	紧固	按规定力矩紧固
	24	工作状态	试运转	带载进行挖掘作业，回转，行驶动作应正常，无不良情况

附录一　施工作业现场常见标志标示

住房和城乡建设部发布行业标准《建筑工程施工现场标志设置技术规程》JGJ 348—2014，自 2015 年 5 月 1 日起实施。其中，第 3.0.2 条为强制性条文，必须严格执行。

施工现场安全标志的类型、数量应根据危险部位的性质，分别设置不同的安全标志。建筑工程施工现场的下列危险部位和场所应设置安全标志：

1. 通道口、楼梯口、电梯口和孔洞口；

2. 基坑和基槽外围、管沟和水池边沿；

3. 高差超过 1.5m 的临边部位；

4. 爆破、起重、拆除和其他各种危险作业场所；

5. 爆破物、易燃物、危险气体、危险液体和其他有毒有害危险品存放处；

6. 临时用电设施和施工现场其他可能导致人身伤害的危险部位或场所。

根据现行《建设工程安全生产管理条例》的规定，施工单位应当在施工现场入口处、施工起重机械、临时用电设施、脚手架、出入通道口、楼梯口、电梯井口、孔洞口、桥梁口、隧道口、基坑边沿、爆破物及有害危险气体和液体存放处等危险部位，设置明显的安全警示标志。

施工现场内的各种安全设施、设备、标志等，任何人不得擅自移动、拆除。因施工需要必须移动或拆除时，必须要经项目经理同意后并办理有关手续，方可实施。

安全标志是指在操作人中容易产生错误，有造成事故危险的场所，为了确保安全，所采取的一种标示。此标示由安全色，几何图形符合构成，是用以表达特定安全信息的特殊标示，设置安全标志的目的，是为了引起人们对不安全因素的注意，预防事故发生。

1. 禁止标志：是不准或制止人的某种行为（图形为黑色，禁止符号与文字底色为红色）。

2. 警告标志：是使人注意可能发生的危险（图形警告符号及字体为黑色，图形底色为黄色）。

3. 指令标志：是告诉人必须遵守的意思（图形为白色，指令标志底色均为蓝色）。

4. 提示标志：是向人提示目标的方向。

安全色是表达信息含义的颜色，用来表示禁止、警告、指令、指示等，其作用在于使人能迅速发现或分辨安全标志，提醒人员注意，预防事故发生。

1. 红色：表示禁止、停止、消防和危险的意思。

2. 蓝色：表示指令，必须遵守的规定。

3. 黄色：表示通行、安全和提供信息的意思。

专用标志是结合建筑工程施工现场特点，总结施工现场标志设置的共性所提炼的，专用标志的内容应简单、易懂、易识别；要让从事建筑工程施工的从业人员都准确无误的识别，所传达的信息独一无二，不能产生歧义。其设置的目的是引起人们对不安全因素的注意和规范施工现场标志的设置，达到施工现场安全文明。专用标志可分为名称标志、导向标志、制度类标志和标线 4 种类型。

多个安全标志在同一处设置时，应按禁止、警告、指令、提示类型的顺序，先左后右，先上后下地排列。出入施工现场遵守安全规定，认知标志，保障安全是实习阶段最应关注的事项。学员和教师均应注意学习施工现场安全管理规定、设备与自我防护知识、成品保护知识、临近作业交叉作业安全规定等；尤其是要了解和认知施工现场安全常识、现场标志，遵守管理规定。

常见标准如下：

《安全色》GB 2893

《安全标志及其使用导则》GB 2894

《道路交通标志和标线》GB 5768 — 2009

《消防安全标志》GB 13495

《消防安全标志设置要求》GB 15630

《消防应急照明和疏散指示标志》GB 17945

《建筑工程施工现场标志设置技术规程》JGJ 348

《建筑机械使用安全技术规程》JGJ 33

《施工现场机械设备检查技术规程》JGJ 160

根据现行《建设工程安全生产管理条例》的规定，施工单位应当在施工现场入口处、施工起重机械、临时用电设施、脚手架、出入通道口、楼梯口、电梯井口、孔洞口、桥梁口、隧道口、基坑边沿、爆破物及有害危险气体和液体存放处等危险部位，设置明显的安全警示标志。安全警示标志必须符合国家标准。本条重点指出了通道口、预留洞口、楼梯口、电梯井口；基坑边沿、爆破物存放处、有害危险气体和液体存放处应设置安全标志，目的是强化在上述区域安全标志的设置。在施工过程中，当危险部位缺乏提供相应安全信息的安全标志时，极易出现安全事故。为降低施工过程中安全事故发生的概率，要求必须设置明显的安全标志。危险部位安全标志设置的规定，保证了施工现场安全生产活动的正常进行，也为安全检查等活动正常开展提供了依据。

第一节　禁　止　类　标　志

施工现场禁止标志的名称、图形符号、设置范围和地点的规定见附表1-1。

禁止标志

附表 1-1

名称	图形符号	设置范围和地点	名称	图形符号	设置范围和地点
禁止通行		封闭施工区域和有潜在危险的区域	禁止入内		禁止非工作人员入内和易造成事故或对人员产生伤害的场所

续表

名称	图形符号	设置范围和地点	名称	图形符号	设置范围和地点
禁止停留	禁止停留	存在对人体有危害因素的作业场所	禁止吊物下通行	禁止吊物下通行	有吊物或吊装操作的场所。
禁止跨越	禁止跨越	施工沟槽等禁止跨越的场所	禁止攀登	禁止攀登	禁止攀登的桩机、变压器等危险场所
禁止跳下	禁止跳下	脚手架等禁止跳下的场所	禁止靠近	禁止靠近	禁止靠近的变压器等危险区域
禁止乘人	禁止乘人	禁止乘人的货物提升设备	禁止启闭	禁止启闭	禁止启闭的电器设备处
禁止踩踏	禁止踩踏	禁止踩踏的现浇混凝土等区域	禁止合闸	禁止合闸	禁止电气设备及移动电源开关处

名称	图形符号	设置范围 和地点	名称	图形符号	设置范围 和地点
禁止吸烟	**禁止吸烟**	禁止吸烟的木工 加工场等场所	禁止转动	**禁止转动**	检修或专人操作 的设备附近
禁止烟火	**禁止烟火**	禁止烟火的油罐、 木工加工场等场所	禁止触摸	**禁止触摸**	禁止触摸的设备 或物体附近
禁止放 易燃物	**禁止放易燃物**	禁止放易燃物的 场所	禁止戴 手套	**禁止戴手套**	戴手套易造成手 部伤害的作业地点
禁止用 水灭火	**禁止用水灭火**	禁止用水灭火的 发电机、配电房等 场所	禁止堆放	**禁止堆放**	堆放物资影响安 全的场所

续表

名称	图形符号	设置范围和地点	名称	图形符号	设置范围和地点
禁止碰撞	 禁止碰撞	易有燃气积聚，设备碰撞发生火花易发生危险的场所	禁止挖掘	 禁止挖掘	地下设施等禁止挖掘的区域
禁止挂重物	 禁止挂重物	挂重物易发生危险的场所			

第二节　警　告　标　志

施工现场警告标志的名称、图形符号、设置范围和地点的规定见附表1-2。

警　告　标　志　　　　　附表1-2

名称	图形符号	设置范围和地点	名称	图形符号	设置范围和地点
注意安全	 注意安全	禁止标志中易造成人员伤害的场所	当心触电	 当心触电	有可能发生触电危险的场所
当心爆炸	 当心爆炸	易发生爆炸危险的场所	注意避雷	 避雷装置 注意避雷	易发生雷电电击区域

名称	图形符号	设置范围和地点	名称	图形符号	设置范围和地点
当心火灾	当心火灾	易发生火灾的危险场所	当心触电	当心触电	有可能发生触电危险的场所
当心坠落	当心坠落	易发生坠落事故的作业场所	当心滑倒	当心滑倒	易滑倒场所
当心碰头	当心碰头	易碰头的施工区域	当心坑洞	当心坑洞	有坑洞易造成伤害的作业场所
当心绊倒	当心绊倒	地面高低不平易绊倒的场所	当心塌方	当心塌方	有塌方危险区域
当心障碍物	当心障碍物	地面有障碍物并易造成人的伤害的场所	当心冒顶	当心冒顶	有冒顶危险的作业场所
当心跌落	当心跌落	建筑物边沿、基坑边沿等易跌落场所	当心吊物	当心吊物	有吊物作业的场所

续表

名称	图形符号	设置范围和地点	名称	图形符号	设置范围和地点
当心伤手	当心伤手	易造成手部伤害的场所	当心噪声	当心噪声	噪声较大易对人体造成伤害的场所
当心机械伤人	当心机械伤人	易发生机械卷入、轧压、碾压、剪切等机械伤害的作业场所	注意通风	注意通风	通风不良的有限空间
当心扎脚	当心扎脚	易造成足部伤害的场所	当心飞溅	当心飞溅	有飞溅物质的场所
当心落物	当心落物	易发生落物危险的区域	当心自动启动	当心自动启动	配有自动启动装置的设备处
当心车辆	当心车辆	车、人混合行走的区域			

第三节 指 令 标 志

施工现场指令标志的名称、图形符号、设置范围和地点的规定见附表1-3。

指 令 标 志
附表1-3

名称	图形符号	设置范围和地点	名称	图形符号	设置范围和地点
必须戴防毒面具	必须戴防毒面具	通风不良的有限空间	必须戴安全帽	必须戴安全帽	施工现场
必须戴防护面罩	必须戴防护面罩	有飞溅物质等对面部有伤害的场所	必须戴防护手套	必须戴防护手套	具有腐蚀、灼烫、触电、刺伤等易伤害手部的场所
必须戴防护耳罩	必须戴防护耳罩	噪声较大易对人体造成伤害的场所	必须穿防护鞋	必须穿防护鞋	具有腐蚀、灼烫、触电、刺伤、砸伤等易伤害脚部的场所

续表

名称	图形符号	设置范围和地点	名称	图形符号	设置范围和地点
必须戴防护眼镜	必须戴防护眼镜	有强光等对眼睛有伤害的场所	必须系安全带	必须系安全带	高处作业的场所
必须消除静电	必须消除静电	有静电火花会导致灾害的场所	必须用防爆工具	必须用防爆工具	有静电火花会导致灾害的场所

第四节　提　示　标　志

施工现场提示标志的名称、图形符号、设置范围和地点应符合附表1-4的规定。

提　示　标　志 附表1-4

名称	名称及图形符号	设置范围和地点	名称	名称及图形符号	设置范围和地点
动火区域	动火区域	施工现场划定的可使用明火的场所	应急避难场所	应急避难所	容纳危险区域内疏散人员的场所

续表

名称	名称及图形符号	设置范围和地点	名称	名称及图形符号	设置范围和地点
避险处		躲避危险的场所	紧急出口		用于安全疏散的紧急出口处，与方向箭头结合设在通向紧急出口的通道处（一般应指示方向）

第五节 导 向 标 志

施工现场导向标志的名称、图形符号、设置范围和地点的规定见附表1-5、附表1-6。

导向标志 交通警告标志 附表1-5

指示标志 图形符号	名称	设置范围和地点	禁令标志 图形符号	名称	设置范围和地点
	直行	道路边		停车位	停车场前
	向右转弯	道路交叉口前		减速让行	道路交叉口前

指示标志 图形符号	名称	设置范围和地点	禁令标志 图形符号	名称	设置范围和地点
	向左转弯	道路交叉口前		禁止驶入	禁止驶入路段入口处前
	靠左侧道路行驶	需靠左行驶前		禁止停车	施工现场禁止停车区域
	靠右侧道路行驶	需靠右行驶前		禁止鸣喇叭	施工现场禁止鸣喇叭区域
	单行路 （按箭头方向向左或向右）	道路交叉口前	5	限制速度	施工现场出入口等需限速处
	单行路 （直行）	允许单行路前	3m	限制宽度	道路宽度受限处
	人行横道	人穿过道路前	3.5m	限制高度	道路、门框等高度受限处
10t	限制质量	道路、便桥等限制质量地点前	检查	停车检查	施工车辆出入口处

交通警告标志 附表 1-6

图形	名称	设置范围
	慢行	施工现场出入口、转弯处等
	向左急转弯	施工区域急向左转弯处
	向右急转弯	施工区域急向右转弯处
	上陡坡	施工区域陡坡处，如基坑施工处
	下陡坡	施工区域陡坡处，如基坑施工处

第六节 现 场 标 线

施工现场标线的图形、名称、设置范围和地点的规定（附图 1-1，附表 1-7）。

标 线 附表 1-7

图 形	名 称	设置范围和地点
	禁止跨越标线	危险区域的地面
	警告标线（斜线倾角为 45°）	
	警告标线（斜线倾角为 45°）	易发生危险或可能存在危险的区域，设在固定设施或建（构）筑物上
 	警告标线（斜线倾角为 45°）	
	警告标线	易发生危险或可能存在危险的区域，设在移动设施上
 高压危险	警示带	危险区域

临边防护标线示意图
（标志附在地面和防护栏上）

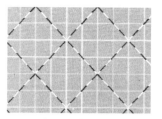

脚手架剪刀撑标线示意图
（标线附在剪刀撑上）

电梯井立面防护标线示意图
（标线附在防护栏上）

附图 1-1 标线

第七节 制 度 标 志

施工现场制度标志的名称、设置范围和地点的规定（附表 1-8）。

制 度 标 志 附表 1-8

序号	名 称		设置范围和地点
1	管理制度标志	工程概况标志牌	施工现场大门入口处和相应办公场所
		主要人员及联系电话标志牌	
		安全生产制度标志牌	
		环境保护制度标志牌	
		文明施工制度标志牌	
		消防保卫制度标志牌	
		卫生防疫制度标志牌	
		门卫管理制度标志牌	
		安全管理目标标志牌	
		施工现场平面图标志牌	
		重大危险源识别标志牌	
		材料、工具管理制度标志牌	仓库、堆场等处
		施工现场组织机构标志牌	办公室、会议室等处
		应急预案分工图标志牌	
		施工现场责任表标志牌	
		施工现场安全管理网络图标志牌	
		生活区管理制度标志牌	生活区
2	操作规程标志	施工机械安全操作规程标志牌	施工机械附近
		主要工种安全操作标志牌	各工种人员操作机械附件和工种人员办公室
3	岗位职责标志	各岗位人员职责标志牌	各岗位人员办公和操作场所

序号	名　　称	设置范围和地点

名称标志示例：

第八节　道路施工作业安全标志

高空作业车在道路上进行施工时应根据道路交通的实际需求设置施工标志、路栏、锥形交通路标等安全设施，夜间应有反光或施工警告灯号，人行道上临时移动施工应使用临时护栏。应根据现行，交通状况，交通管理要求，环境及气候特征等情况，设置不同的标志。常用的安全标志附表 1-9 已经列出，具体设置方法请参照《道路交通标志和标线》GB 5768–2009 的有关规定执行

道路施工常用安全标志　　　　　　　　　　　　　　　附表 1-9

指示标志图形符号	名称	设置范围和地点	指示标志图形符号	名称	设置范围和地点
前方施工 1km / 前方施工 300m	前方施工	道路边	道路封闭 300m / 道路封闭	道路封闭	道路边
右道封闭 300m / 右道封闭	右道封闭	道路边	左道封闭 300m / 左道封闭	左道封闭	道路边
中间封闭 300m / 中间封闭	中间道路封闭	道路边		施工路栏	路面上

指示标志 图形符号	名称	设置范围 和地点	指示标志 图形符号	名称	设置范围 和地点
	向左行驶	路面上		向右行驶	路面上
	向左改道	道路边		向右改道	道路边
	锥形 交通标	路面上		道口标柱	路面上
				移动性施 工标志	路面上

附录二 其他维护保养的项目与要求

第一节 常见故障的诊断与排除（附表 2-1）

附表 2-1

故障现象		原因分析	排除方法
结构件噪声大		1. 紧固件松动产生异响 2. 铲斗与斗干端面间隙磨损加大	1. 检查并重新拧紧；2. 将间隙调整到小于 1mm
斗齿在工作中脱落		1. 斗齿销多次使用弹簧变形弹性不足 2. 斗齿销与齿座不配套	更换斗齿销
履带在挖掘机下打结		1. 履带松弛 2. 在崎岖道路上驱动轮在前快速行驶	1. 装进履带；2. 道路崎岖时导向轮在前慢速行驶
风扇不转		1. 电气或接插件接触不良 2. 风量开关、继电器或温控开关损坏 3. 保险丝断或电池电压太低	修理或更换
风扇运转正常，但风量小		1. 吸气侧有障碍物 2. 蒸发器或冷凝器的翅片堵塞，传热不畅 3. 风机叶轮有一个卡死或损坏	清理
压缩机不运转或运转困难		1. 电路因断线、接触不良导致压缩机离合器不吸合 2. 压缩机皮带张紧不够，皮带太松 3. 压缩机离合器线圈断线、失效 4. 储液器高低压开关起作用	修理或更换离合器线圈冷媒量太少或太多
冷媒（制冷剂）量不足		1. 制冷剂泄漏 2. 制冷剂充注量太少	排除泄漏点，充入适量制冷剂
正常工作情况下高低压表的读数		当环境温度为：30～50℃时，高压表读数 1.47～1.67MPa（15～17kgf/cm²）低压表读数 0.13～0.20MPa（1.4～2.11kgf/cm²）	
低压压力偏高	低压管表面有霜附着	1. 膨胀阀开启太大 2. 膨胀阀感温包接触不良 3. 系统内制冷剂超量	更换膨胀阀 正确安装感温包 排除一部分达到规定量
低压压力偏低	高低压表均低于正常值	制冷剂不足	补充制冷剂到规定量
	低压表压力有时为负压	低压胶管有堵塞，膨胀阀有冰堵或脏堵	修理系统，冰堵应更换贮液器
	蒸发器冻结	温控器失效	更换温控器

158

故障现象		原因分析	排除方法
膨胀阀入口侧凉，有霜		膨胀阀堵塞	清洗或更换膨胀阀
膨胀阀出口侧不凉，低压压力有时为负压		膨胀阀感温管或感温包漏气	更换膨胀阀
高压表压力偏高	高压表压力偏高，低压表压力偏高	1.循环系统中混有空气 2.制冷剂充注过量	排空，重抽真空充制冷剂，放出适量制冷剂
	冷凝器被灰尘杂物堵塞冷凝风机损坏	冷凝器冷凝效果不好	清洗冷凝器清除堵塞检查更换冷凝风机
高压表压力偏低	高低压压力均偏低 低压压力有时为负压 压缩机有故障	制冷剂不足 低压管路有堵塞损坏 压缩机内部有故障，压缩机及高压管发烫	修理并按规定补充制冷剂，清理或更换故障部位，更换压缩机
热水阀未关闭热水阀损坏，关不住	暖风抵消冷气效果，制冷效果差	关闭热水电磁阀	更换热水电磁阀

第二节 常见故障快速对照表（附表 2-2）

序号	故障现象	可能原因和解决方法
1	发动机不能起动	1.电瓶电压低； 2.导线或起动开关； 3.起动马达电磁开关或起动马达损坏； 4.发动机曲轴转动的内在问题； 5.燃油系统：有气、滤芯堵
2	发动机运转不稳，负荷大时憋车	1.燃油系统有气； 2.滤芯堵； 3.燃油输油泵压力低； 4.喷油正时不对
3	发动机功率不足，冒黑烟	1.空气滤芯堵； 2.涡轮增压器积碳或损坏； 3.电控系统故障（在监控器信息区有显示）； 4.喷嘴； 5.喷油正时

序号	故障现象	可能原因和解决方法
4	发动机下排气量大伴有机油	活塞环磨损
5	发动机烧机油，机油消耗大	1. 活塞环磨损； 2. 涡轮增压器浮动油封损坏； 3. 气门导管磨损； 4. 机油过多
6	水箱中有机油	1. 机油冷却器芯； 2. 水泵排水孔堵塞，伴随水泵水封环； 3. 缸垫
7	机油油底内有冷却液	1. 机油冷却器芯； 2. 缸垫； 3. 缸盖或缸体裂纹
8	机油压力低	1. 机油滤芯堵； 2. 机油中有柴油； 3. 机油泵吸入管泄漏； 4. 机油安全阀； 5. 机油泵； 6. 曲轴或凸轮轴与轴瓦之间间隙过大
9	水温过高	1. 液量少； 2. 节温器坏； 3. 风扇转速低； 4. 水泵坏； 5. 发动机超负荷； 6. 水箱内外堵塞
10	发电机不充电或充电率低	1. 充电或接地回路或电瓶接头损坏； 2. 发电机电刷或调压器或整流二极管损坏； 3. 转子（励磁线圈）坏
11	液压油管颤抖，液压泵声音异常	1. 液压泵内有空气； 2. 泵内斜盘或柱塞滑靴磨损；
12	行走跑偏	1. 履带张紧度调整； 2. 对应的行走马达或泵的流量泄； 3. 回路控制
13	爬坡力或挖掘力不足	对应液压回中的压力调节
14	机具或行走速度慢	1. 对应先导油路或主油路部件故障； 2. 先导示或液压泵故障
15	相应的电气机能没有	对应的保险丝
16	监控仪表盘信息区的显示	

参 考 文 献

1. 中国建设教育协会. 挖掘机操作. 北京：中国建筑工业出版社.
2. 卡特彼勒中国有限公司. 挖掘机操作和保养手册.
3. 北京威斯特机械有限公司. 威斯特（强机手）培训手册.
4. 日立建机上海有限公司. 液压挖掘机操作人员便捷手册.
5. 小松公司. PC200/200超强型挖掘机教材——操作与保养.
6. 黄东胜，邱斌. 现代挖掘机械. 北京：人民交通出版社.